Ignacio Morgado

Aprender, recordar y olvidar

Claves cerebrales de la memoria y la educación

Prólogo de Joaquín Fuster

Ilustraciones de Daniel Ras

Ariel

1.ª edición: mayo de 2014
2.ª edición: julio de 2014

Avda. Diagonal, 662-664 - 08034 Barcelona
Editorial Ariel es un sello editorial de Planeta S. A.
www.ariel.es
www.espacioculturalyacademico.com

ISBN 978-84-344-1741-0
Depósito legal: B. 7.829 - 2014

Impreso y encuadernado en España por Book Print Digital

El papel utilizado para la impresión de este libro
es cien por cien libre de cloro
y está calificado como papel ecológico.

A quienes educan en el entendimiento y la cooperación

Índice

Prólogo

En *De Anima et Vita* (1538), el valenciano Juan Luis Vives, primer gran pedagogo y psicólogo de la Edad Moderna –tutor de Catalina de Aragón en la corte de Enrique VIII– dejó escrito lo siguiente: *De dos cosas que han sido simultáneamente aprehendidas, si una de ellas ocurre, usualmente evoca la representación de la otra.* Ésta es, ni más ni menos, la esencia de la memoria asociativa y por consiguiente del aprendizaje. Casi cuatro siglos más tarde, otro español, Santiago Ramón y Cajal, fue el primero en encarnar teóricamente aquel concepto en los contactos entre células del sistema nervioso. Sin embargo, no sería hasta la segunda mitad del siglo pasado que ese concepto se hiciera realidad en neurobiología. Hoy día es uno de los principios fundamentales de la misma, pues es aplicable a todas las formas de memoria. Todas se rigen por un código relacional. En su ameno relato, el profesor Ignacio Morgado nos hace aquí partícipes de la historia de aquel principio y de todo lo que gracias a él ocurre en nuestro cerebro con el aprender, el recordar y el olvidar. Pero el autor va más allá del relato erudito y bien fundado de los hechos científicos en torno a la neurobiología de la memoria y sus múltiples usos y variedades. Su libro nos ofrece un tratado sobre la higiene de la memoria y del conocimiento al servicio de la enseñanza. Con un rico arsenal de datos empíricos procedentes de selectos estudios que él considera clave, Morgado fundamenta un verdadero vademécum para el educador moderno.

Aquí me es imposible resumir, y mucho menos desglosar, toda la sabiduría que las páginas de este libro encierran. De todas maneras, su tema es tan fascinante y tan afín a mis propios intereses que, a riesgo de que alguien piense que llevo el agua a mi molino, no puedo dejar de comentar tres aspectos particulares del tema, estrechamente relacionados entre sí, que a mi modo de ver son de importancia capital para la educación eficaz: la memoria inconsciente, el papel de ciertas emociones en el aprendizaje y la dinámica cerebral entre maestro y discípulo.

Sabemos y recordamos mucho más de lo que creemos que sabemos y recordamos. En realidad, *toda* nuestra percepción del mundo está hecha de recuerdos, casi todos *inconscientes.* Certeramente, Helmholtz arguyó que no sólo recordamos lo que percibimos, sino que percibimos lo que recordamos. Con ello asentó el principio –posteriormente elaborado por Hayek y Gregory– de que toda percepción consiste en proyectar inconscientemente sobre el mundo una multitud de expectativas sobre su estructura de acuerdo con nuestra experiencia pasada. Sólo la inesperada refutación o incertidumbre acerca de esas implícitas expectativas o «hipótesis» atrae nuestra atención o memoria de trabajo. Su refutación, con la consiguiente «sorpresa», es lo que hoy ha venido a llamarse «error de predicción», como se explica en este libro acertadamente y cuya corrección es uno de los puntales del aprendizaje.

Pero es más. Lo que Morgado llama aquí memoria implícita –a mi modo de ver, actividad cortical subliminal e inconsciente– es un valioso instrumento del cerebro para la adquisición y evocación de conocimiento. Como él apunta, formamos y consolidamos memorias y hábitos de modo inconsciente, incluso durante el sueño. Inconscientemente también, a lo largo de nuestra vida, absorbemos, además de nuestra memoria personal, una cantidad ingente de principios, creencias, directrices, juicios y valores: en resumen, toda nuestra cultura (la «circunstancia» que acompaña al yo, según Ortega y Gasset). Y lo hacemos sin apenas darnos cuenta, observando más o menos subconscientemente lo que los demás hacen, nuestra propia conducta con ellos, sus reacciones y las consecuencias de todo ello en el mundo en que vivimos. El «predicar con el ejemplo» es parte de eso mismo, mucho más eficaz para la educación que los sermones y las «arengas». En el aula, el aprender a aprender es una función de toda la clase, unos alumnos dando ejemplo a los otros. Inconsciente es también la evocación continuada de la memoria individual y colectiva en nuestro quehacer cotidiano, y aun fuera de él. La intuición repentina, la corazonada, no es otra cosa sino un razonamiento rápido, inconsciente («tipo 1» de Kahneman), a veces con acicate emocional no menos inconsciente, certero y sabio. La emoción, que a menudo sustenta la intuición más o menos abiertamente, guía buena parte de nuestra conducta diaria, incluido el aprendizaje de muchas cosas nuevas.

La motivación del alumno, sus ganas de aprender, son la base imprescindible de la educación. Como sabe sobradamente cualquier buen educador, sin un mínimo de motivación no se aprende nada. Igualmente es sabido que la motivación requiere ciertas condiciones generales, como la salud física, la nutrición, el sueño, el ejercicio, el asueto y el ambiente adecuados. Pero además, hay condiciones emocionales sin las cuales la motivación no cunde en el aprendizaje y la formación de la memoria. Entre ellas están los sentimientos derivados de la recompensa, el progreso, la aprobación, el aplauso y demás. Sin esos sentimientos positivos, la motivación del alumno decae, y con ello surge un ciclo vicioso: la falta de motivación lleva al fracaso académico, y éste a la desaprobación y la reprimenda, las cuales reducen aún más la motivación, y así sucesivamente en una vorágine de retraso y malestar generalizado. Además, raramente se consigue una enmienda duradera con sólo castigo. El miedo no arregla nada. Por el contrario, con la corrección razonada y la consiguiente aprobación se constituye un ciclo «virtuoso» con *feedback* positivo, en el que lo bueno lleva a lo mejor y hace que el estudiante entre en el mejor de los caminos. Los buenos maestros saben conducir a él a sus alumnos.

En realidad, la relación dinámica entre el profesor y el alumno, entre el maestro y el discípulo, consiste en dos ciclos percepción/acción, ambos con *feedback* negativo y positivo, engarzados entre sí en el proceso pedagógico como dos anillos olímpicos. Me explicaré. El ciclo percepción/acción es el proceso circular, cibernético (de κυβερνώ, timonear, raíz de «gobierno»), que ajusta nuestro organismo a cambios en el medio ambiente, igual que el timonel ajusta la nave al viento y el oleaje. En el curso de cualquier serie de acciones dirigidas a un objetivo se establece un flujo circular de procesamiento de información entre el sujeto y su entorno, para conducir las acciones hacia ese objetivo.

Cuando eso ocurre, los cambios ambientales producen impulsos sensoriales que llegan a la corteza cerebral posterior, la sede de las redes neuronales que codifican la memoria semántica, y ellas mandan entonces señales a la corteza frontal, sede de la memoria ejecutiva. De acuerdo con esa información, la corteza frontal envía órdenes ejecutivas y correctivas a los eferentes nerviosos, las cuales causarán nuevos cambios ambientales que, a su vez, influirán retroactivamente sobre las redes de memoria corticales («cógnitos») para generar nuevas acciones de corrección y adaptación, y así sucesivamente hasta que se alcanza el objetivo. Ese proceso circular que lleva al objetivo es lo que yo llamo ciclo percepción/acción. La corteza prefrontal, en la cumbre del ciclo percepción/acción, es lo más análogo al «timonel» del proceso, un gobernante ejecutivo bien informado, incapaz de hacer nada por sí solo, pero íntima y dinámicamente ligado al entorno a través del resto de la corteza y las estructuras subcorticales y límbicas. De estas últimas, ese timonel recibe información emocional. Cuando hay lapsos entre la percepción y la acción, la corteza prefrontal los salva a través del tiempo por medio de la memoria de trabajo.

Paralelo a ese ciclo cognitivo de percepción/acción hay otro de carácter emocional, basado en estructuras del sistema límbico, como la amígdala, con dos importantes funciones. Una de ellas consiste en equilibrar el medio interno (homeostasis) mediante información proporcionada por el externo; la otra consiste en percibir y expresar las emociones en conjunción con el ciclo cognitivo, con el que se comunica a través de la corteza orbitofrontal. La conjunción de los ciclos cognitivo y emocional es tan estrecha que casi podemos hablar de un único proceso percepción/acción que permite adaptar el organismo a su entorno tanto por el conocimiento como por la emoción.

La conversación entre dos personas es el ejemplo más claro de dos ciclos percepción/acción engarzados entre sí en la búsqueda de un objetivo común: la persuasión o comprensión mutua; lo hacen o intentan hacerlo utilizando el lenguaje, la función cognitiva suprema del hombre.

Por medio de su corteza cerebral semántica (perceptiva, posterior) y ejecutiva (frontal), cada persona alternativamente escucha, analiza y responde a lo que dice el otro. Su ciclo percepción/acción es correctivo y adaptativo como cualquier otro, sólo que aquí el entorno es el interlocutor. Ambos pueden acompañar el lenguaje hablado con expresiones emocionales en forma de lenguaje corporal, prosodia enfática, admiración y expletivos de afirmación o negación. El dúo educativo maestro-discípulo es esencialmente lo mismo. El aprendizaje eficaz requiere la coordinación de dos ciclos (maestro y discípulo) con un fin: el progreso escolar del discípulo. Cada acción del discípulo produce la reacción aprobatoria o correctiva del maestro, la cual suscita la contrarreacción esperada del discípulo, todo ello idealmente sobre un trasfondo de tolerancia, comprensión y aliento, que favorecen la comunicación. Ese trasfondo, que es fundamental para el éxito académico, incluye soportes personales y ambientales, como los que pueden proporcionar compañeros y familiares, y las buenas infraestructuras docentes, tan revolucionadas con los medios informáticos modernos, entre los que Internet puede tener un papel suplementario en el conjunto de la educación. Eso significa que los medios materiales, aunque ayuden, nunca pueden sustituir el apoyo moral y emocional necesario para conseguir la eficacia educativa que el autor del presente libro pretende. Ignacio Morgado nos aporta en él la ciencia detrás de las normas. Es la sociedad civilizada la que, por contacto humano, tiene que implementarlas para un mundo mejor.

Joaquin Fuster
Profesor de Psiquiatría y de Ciencias de la Bioconducta
en el Neuropsychiatric Institute
y en el Brain Research Institute
de la Universidad de California en Los Ángeles.

Introducción

La psicobiología de la educación

NUESTRO PAÍS NO SALE BIEN PARADO en las evaluaciones internacionales sobre los resultados de la educación en ninguno de sus niveles, ni en la educación infantil, ni en la enseñanza media, ni en la universitaria. El programa PISA 2012 para la evaluación internacional de alumnos muestra que el rendimiento educativo de España en matemáticas, lectura y ciencias permanece justo por debajo de la media de la OCDE, a pesar de que el gasto en educación se ha incrementado en un 35 % desde 2003. Otro de los informes recientes, el denominado popularmente *Informe PISA para Adultos (octubre de 2013)*, nos sitúa en la cola de 23 países de la OCDE, el penúltimo lugar en lectura y el último lugar en matemáticas. El mismo informe también señala que lo importante en un país, más que el número de titulaciones, es la calidad de la educación, y es en eso, al parecer, donde andamos verdaderamente mal. Aunque los informes PISA comparan sistemas educativos muy diferentes, todo indica que el nuestro es deficitario en su conjunto como resultado probablemente de diversas causas.

La neuroeducación, una disciplina emergente que pretende basar la actividad educativa en el conocimiento científico sobre el funcionamiento del cerebro humano, puede ayudarnos a mejorar el sistema educativo. Pero sólo lo hará cuando sea posible derivar de ese conocimiento actitudes y prácticas concretas, nuevas y relevantes, aplicables a los diversos niveles de enseñanza. Lo que ocurre es que en esa pretensión estamos todavía en un tiempo donde las intenciones y promesas superan a los hechos, siendo mucho aún lo que nos queda por conocer sobre el funcionamiento del cerebro humano en relación con los procesos mentales implicados en la educación. Podemos cometer además un error si creemos que es la neurociencia quien tiene que aportar los procedimientos concretos para una educación efectiva, cuando en realidad son los propios pedagogos, profesores y maestros quienes pueden y deben descubrir y aportar esos procedimientos, basándose, eso sí, además de en su experiencia y práctica cotidiana, en los descubrimientos científicos sobre los mecanismos cerebrales implicados en la actividad docente y educativa. Todo ello sin olvidar que la neurociencia es una disciplina nueva, de muy reciente creación, mientras que la pedagogía educativa tiene milenios de antigüedad, por lo que es de esperar que lo que la neurociencia hará muchas veces no será otra cosa que fundamentar científicamente los buenos procedimientos de enseñanza ya refrendados por una práctica secular. Y es bueno que así sea, porque de lo que se trata hoy no es de cambiar radicalmente esos procedimientos para inaugurar un nuevo mundo de la educación, como si todo lo anterior no sirviera, sino de aprovechar el nuevo conocimiento científico para valorar y apoyar lo bueno que ya tengamos, introduciendo además los cambios e innovaciones que pudieran mejorarlo.

Basándose en la neurociencia, pero interesándose específicamente en los procesos mentales y abarcando un amplio rango de factores biológicos y sociales, la *psicobiología* es la disciplina científica que nos puede explicar cómo la educación cambia el cerebro y cómo esos cambios modifican el comportamiento de las personas. Entre los más importantes están los que hacen posible el aprendizaje y la memoria, procesos estrechamente ligados y presentes en todas las prácticas y actividades docentes y educativas de cualquier nivel de enseñanza. De ahí que una misión todavía más concreta de la psicobiología sea explicarnos lo que ocurre en el cerebro cuando aprendemos y por qué unos procedimientos de enseñanza pueden ser mejores que otros para procesar mentalmente la información y generar memorias robustas y duraderas. Después, como decimos, debe ser el maestro de cada materia y nivel quien, en base a ese conocimiento, establezca los modos y las prácticas concretas que puedan resultar más eficaces en su particular ámbito y circunstancias.

El libro que el lector tiene en sus manos es un libro de psicobiología en el que se explica lo que pasa en el cerebro cuando aprendemos; cómo se forman, estabilizan y perduran las memorias; qué, cómo y cuándo recordamos; qué es el olvido y por qué olvidamos. En él concedemos una especial importancia a los descubrimientos recientes sobre la influencia de la epigenética en los procesos de aprendizaje, y dedicamos un extenso capítulo a explicar cómo el sueño potencia el aprendizaje y la memoria, y cómo, sorprendentemente, reorganiza y amplía los contenidos de la mente. Explicamos asimismo la evolución de los procesos de aprendizaje desde la temprana infancia hasta la madurez pasando por la adolescencia, y las facultades de memoria que perdemos cuando nos hacemos mayores. Dedicamos también un extenso capítulo a algunos de los principales factores y procedimientos que facilitan el aprendizaje y la memoria en todas las épocas de la vida, sin olvidar los que pueden paliar el deterioro cognitivo en la vejez. Reflexionamos también sobre las posibles causas del fracaso en la enseñanza y aportamos claves generales, derivadas del conocimiento científico, para intentar superarlo.

Creemos que todo ello puede ayudar a los maestros y educadores de cualquier disciplina y nivel a consolidar los buenos procedimientos de enseñanza que ya tengan y a innovar desarrollando otros nuevos más eficaces o complementarios adaptados a su particular contexto educativo. Nos dirigimos también a todas aquellas personas de cualquier edad que tengan dificultades para aprender y recordar, sin olvidar a quienes quieran conocer el funcionamiento de los procesos de aprendizaje y memoria simplemente para beneficiarse de ese conocimiento en su vida cotidiana. La lectura y asimilación de los contenidos de este libro ayudará especialmente a los más jóvenes a entender sus logros y fracasos en el aprendizaje y a perfeccionar sus procedimientos de trabajo para conseguir mejores resultados académicos. Ayudará también a los mayores a entender y aceptar el deterioro mental que tiene lugar con el curso de los años, sin vivirlo con pesimismo o desesperanza.

La estrategia pedagógica que aquí utilizamos no consiste en prescindir de los conceptos complejos y las explicaciones científicas profundas, pues, si así lo hiciésemos, correríamos el riesgo de convertir el libro en un conjunto de afirmaciones o razonamientos obvios y conocidos, o en simplicidades sobre el mundo de la educación que poco aportarían a los lectores. En vez de ello, hemos hecho un esfuerzo para explicar los términos y conceptos científicos con la mayor sencillez posible, sin prescindir, como decimos, de ninguno importante, y añadiendo ejemplos y metáforas para facilitar su comprensión. Incluimos un glosario de los principales términos utilizados y una bibliografía especializada para quien quiera ampliar conocimientos. Es entonces un libro a la vez académico y de divulgación, que puede servir tanto al maestro como al estudiante y también al lector en general, sea cual sea su especialidad o interés hacia conocimientos. Estoy convencido de que servirá también para que el lector conozca mejor sus propias capacidades intelectuales y refuerce su confianza en ellas.

1

Naturaleza y origen del aprendizaje y la memoria

Lo que el aprendizaje hace posible

UNA EXPLICACIÓN RIGUROSA Y PROFUNDA de cómo el cerebro aprende debe empezar por analizar y conocer las circunstancias ancestrales que dieron lugar a la aparición y el desarrollo de la capacidad de aprender en los seres vivos. Eso nos lleva a considerar los cambios ambientales y las propias experiencias de los organismos como los factores más importantes que han promovido y hecho posible tal capacidad. Los seres que habitan en un medio estático, donde nada o casi nada cambia con el tiempo, son capaces de sobrevivir mediante conductas reflejas y estereotipadas, es decir, mediante comportamientos siempre iguales, repetidos y muy adaptados a ese medio. Un ejemplo fascinante es el de la garrapata, animal que parasita a otros animales y sobrevive mediante una conducta alimentaria instintiva muy simple y rígida, sin capacidad de cambio. Cuando este insecto alcanza la parte del cuerpo de otro animal, como por ejemplo un caballo, que tiene una determinada temperatura y un determinado olor, saca automáticamente su trompa chupadora y comienza a extraer sangre de su víctima, siendo ése su único modo de supervivencia. Pero si en su errante andar tiene la mala fortuna de llegar a un medio diferente, como la roca donde una persona obesa ha estado sentada un largo rato dejando en ella el calor y el olor de su cuerpo, la garrapata, respondiendo igualmente a su instinto, intentará inútilmente extraer sangre de esa roca hasta destruir su trompa chupadora y, con ella, sus posibilidades de seguir viviendo. Es, por tanto, un ser que ni sabe ni puede modificar su conducta basándose en los cambios ambientales y su experiencia de ellos, es decir, es un ser con nula o muy limitada capacidad para aprender y condenado, en consecuencia, a sobrevivir en un medio estático.

Pero la mayoría de los seres vivos han evolucionado en un mundo cambiante, lleno de incertezas, donde muy pocas cosas han permanecido inmutables. En ese dinámico mundo, el aprendizaje surgió como una capacidad del cerebro para amortiguar los cambios ambientales, es decir, como una capacidad biológica que permite a los organismos modificar su comportamiento para adaptarse a los inciertos e impredecibles cambios del medio en que viven. Siendo ése su objetivo, el aprendizaje tenía que ir necesariamente ligado a la memoria, es decir, a la capacidad de recordar las experiencias pasadas para tenerlas en cuenta y actuar en base a ellas en el futuro. Un animal puede sobrevivir a una experiencia peligrosa, como internarse en una zona de predadores, si consigue advertir el peligro a tiempo y huir, pero esa experiencia aumenta su valor si queda registrada de algún modo en su cerebro para permitirle recordar el lugar del peligro y evitarlo en ocasiones futuras. El aprendizaje sin memoria sería una respuesta posiblemente fortuita e intrascendente. No obstante, en el proceso de la evolución, aprendizaje y memoria quedaron ligados como las dos caras de una misma moneda, de tal modo que el uno no puede darse sin el otro, es decir, no puede haber aprendizaje sin memoria ni memoria sin aprendizaje. En los organismos superiores la capacidad de memoria tiene un importante valor añadido, pues confiere a la vida un sentido de continuidad que evita que tengamos la sensación de vivir en una especie de eterno presente, algo que probablemente les ocurre a los individuos que por causa de enfermedades neurodegenerativas, como la de Alzheimer, pierden la capacidad de recordar.

Qué pasa en el cerebro cuando aprendemos

En los últimos años, la neurociencia y la psicobiología nos han enseñado mucho sobre cómo el cerebro humano representa y almacena la información y el conocimiento. Aprender significa básicamente adquirir nuevas representaciones neuronales de información y establecer relaciones funcionales entre ellas y las ya existentes en el cerebro. Ello es posible porque cuando aprendemos se forman nuevas conexiones entre las neuronas que albergan el conocimiento, o se fortalecen y estabilizan e incluso desaparecen muchas de las ya existentes. Son procesos de cambio que en conjunto denominamos *plasticidad estructural* y *plasticidad funcional* del cerebro. Gracias a ellos, la representación en las neuronas de, por ejemplo, el escritor Miguel de Cervantes, puede quedar ligada a la de su obra inmortal, *El Quijote*, y la que representa a un buen vino puede hacerlo con la correspondiente a la denominación Rioja. Muchas de esas representaciones se producen en circuitos o redes neuronales de la corteza cerebral, pues es en ella donde tiene lugar la parte más importante del proceso que analiza y convierte en percepciones la información recibida de los órganos de los sentidos y de otras partes del cerebro. No obstante, como veremos más adelante, pueden ser otras estructuras del cerebro, como el hipocampo, la amígdala o los ganglios basales, las que inicial o definitivamente hagan posible la asociación entre las diferentes representaciones del conocimiento establecidas en la corteza u otras regiones cerebrales.

Qué es la memoria

La *memoria* son los cambios que se producen en el cerebro para retener o almacenar lo que aprendemos. No es, por tanto, algo directamente observable y por ello lo que hacemos es inferirla del comportamiento de las personas o los animales. Si alguien muestra un determinado conocimiento o un cambio en su comportamiento es porque en algún momento anterior su cerebro ha formado una memoria para ese conocimiento o para ese nuevo comportamiento. Como ya dijimos, el aprendizaje y la memoria son dos procesos estrechamente ligados y en cierto modo coincidentes, como las dos caras de una misma moneda. Están, además, presentes o forman parte de otros procesos cerebrales, como la percepción sensorial, las motivaciones, las emociones o el lenguaje, por lo que los especialistas tienen dificultades para referirse a alguno de esos procesos con independencia de los demás, o para discernir su presencia o participación específica en una función mental o conductual.

Los humanos poseemos una extraordinaria capacidad para recordar cosas aparentemente tan simples como el azul del mar, o tan complejas como el modo de resolver una ecuación matemática. Recordamos las caras y los nombres de las personas conocidas, el significado de las palabras que utilizamos, cómo montar en bicicleta, lo que pasó hace un rato o sucesos y anécdotas de nuestra remota infancia. Igualmente recordamos los detalles de una jugada de gol, el fragor de un debate político, la receta de una comida, la emoción de vergüenzas pasadas o el modo correcto de comportarnos en público, entre otras muchas y variadas cosas. Las memorias nos permiten relacionar el presente con el pasado y proyectar hacia el futuro nuestros pensamientos e ideas. La capacidad del cerebro y la mente humana para almacenar diferentes tipos de información se nos antoja ilimitada, aunque no lo sea. Pero ¿cómo es eso posible?, ¿cómo lo hace el cerebro?, ¿cómo se las arreglan las neuronas para almacenar la información que contienen las memorias? A ello nos referimos a continuación.

Qué son las sinapsis y las espinas dendríticas

En el cerebro humano hay unos 80.000 millones de neuronas que a lo largo de sus prolongaciones (*dendritas* y *axón*, figura 1) conducen información codificada en forma de pequeñas descargas eléctricas llamadas *potenciales de acción*. Del mismo modo que el código morse de puntos y rayas puede codificar palabras y frases, los potenciales de acción son como el lenguaje o las palabras que utiliza el cerebro para representar la información que le llega. Entre una y otra neurona la comunicación se vuelve química y tiene lugar mediante conexiones funcionales llamadas *sinapsis* (figura 1), de las que se calculan unas 10^{14} en todo el cerebro. En cada sinapsis hay implicadas dos neuronas, la que aporta la información, llamada *neurona presináptica*, y la que la recibe, llamada *neurona postsináptica*, separadas ambas por un minúsculo espacio de micras de longitud. Cuando los potenciales de acción que llevan la información alcanzan la terminación de una neurona presináptica, ésta libera una pequeña cantidad de una sustancia química, el *neurotransmisor*, que difunde por el espacio entre ambas neuronas hasta llegar a la neurona postsináptica para, uniéndose a ella, modificar su actividad. Hay *sinapsis excitatorias*, en las que el neurotransmisor liberado aumenta la actividad eléctrica (los potenciales de acción) de la neurona postsináptica, y *sinapsis inhibitorias*, en las que el neurotransmisor liberado inhibe o reduce la actividad eléctrica de la neurona postsináptica. Sinapsis sucesivas de ambos tipos integran complejos y múltiples circuitos que se forman entre diferentes y numerosas neuronas.

Hace ya más de un siglo, en marzo de 1884, el médico e investigador español Santiago Ramón y Cajal impartió una brillante conferencia en la Royal Society de Londres (*Croonian lecture*) en la que postuló que el aprendizaje podría tener lugar como consecuencia de la aparición de minúsculos y nuevos brotes o terminaciones en las prolongaciones de las células del cerebro. Sorprendió a todo el mundo, pues era la primera vez en la historia que un científico se atrevía a explicar lo que podría ocurrir en el cerebro cuando aprendemos. El tiempo y los nuevos hallazgos de la neurociencia le han dado la razón, pues ahora sabemos que su postulado era cierto, es decir, que a semejanza de lo que ocurre en los árboles y las plantas en primavera, cuando aprendemos, las neuronas emiten minúsculos brotes o excreciones, de aproximadamente 0,1 micras cúbicas cada uno de ellos, llamados *espinas dendríticas* (figura 1), que les sirven para formar nuevas sinapsis, o fortalecer las ya existentes, con otras neuronas. Las formas y tamaños de las espinas dendríticas determinan su capacidad para transmitir información en las sinapsis que intervienen. Algunos experimentos muestran que la morfología individual de las espinas puede predecir no sólo su fuerza para formar sinapsis, sino también la estabilidad temporal de esas sinapsis. Así, las espinas de mayor tamaño generalmente persisten de semanas a meses y forman sinapsis fuertes, mientras que las espinas delgadas suelen durar poco tiempo y forman sinapsis más débiles. Se sospecha, además, que las grandes espinas con forma de hongo podrían constituir un sustrato físico para las memorias duraderas, de largo plazo, mientras que las más pequeñas y delgadas podrían ser más plásticas o maleables y susceptibles de cambiar con la experiencia.

Muchas sinapsis son fijas y estables, genéticamente determinadas, mientras que otras son plásticas, es decir, se forman, refuerzan, debilitan o incluso desaparecen continuamente como resultado del aprendizaje, la acción mental o el comportamiento de las personas. Es como si el cerebro estuviera continuamente en ebullición morfológica y funcional. Los nuevos circuitos y redes neuronales que de ese modo se establecen, en la medida en que albergan representaciones de información, constituyen el soporte o modo físico en que se almacenan las memorias. Esas redes son los *cógnitos*, en terminología acuñada por el neurocientífico Joaquín Fuster. Entre esos circuitos, los hay convergentes, ya que reúnen o integran información de diversos tipos y procedencia, mientras que otros son divergentes, pues distribuyen la información que reciben a otros lugares cerebrales. De ese modo, los circuitos o redes neuronales y las interacciones funcionales que origina el aprendizaje pueden abarcar áreas muy amplias y dispersas de la corteza cerebral y de los núcleos subcorticales. Podemos imaginar el modo en que una memoria está almacenada en el cerebro como una compleja y específica red neuronal que cada vez que se activa hace posible los recuerdos.

Las memorias, por tanto, no se almacenan en una única neurona o en una o pocas sinapsis, sino en múltiples neuronas y sinapsis que pueden estar ampliamente distribuidas en el cerebro. Aunque no está clara la capacidad de almacenamiento de información del cerebro humano, pues las estimaciones le atribuyen entre uno y mil terabytes (cada terabyte son 10^{12} bytes o 1.000 gigabytes; 1 byte son 8 bits), no hay duda de que su enorme cantidad de conexiones sinápticas le confiere una enorme capacidad para combinar, asociar y almacenar información de diferente tipo y procedencia. Esta flexibilidad o plasticidad en las conexiones y circuitos neuronales del cerebro se corresponde con el hecho de que, como consecuencia de la práctica y la experiencia, las memorias y otras capacidades mentales o conductuales de las personas pueden igualmente aparecer o desaparecer, reforzarse o debilitarse.

Pero incluso los minúsculos cambios cerebrales, como la aparición de nuevas espinas dendríticas, que modifican o crean nuevas conexiones y redes sinápticas y con ellas nuevas memorias, no son simples. En realidad, son extraordinariamente complejos y su análisis requiere la competencia y colaboración de técnicas experimentales diversas y muchas veces sofisticadas, que van desde observaciones rigurosas del comportamiento de animales y personas hasta el análisis preciso de las moléculas químicas del interior de las neuronas y de los genes contenidos en el ADN de sus núcleos. Muchos de esos cambios han sido estudiados en el *hipocampo* de mamíferos como el conejo o la rata, una parte del cerebro que, como veremos más adelante, es muy importante para asociar información y formar determinadas memorias. La mayoría de las sinapsis que forman las neuronas del hipocampo son plásticas, lo que quiere decir que tienen la capacidad de modificar su morfología y funcionamiento para transmitir información con mayor o menor fuerza y eficacia. La plasticidad, no obstante, no es exclusiva del hipocampo, pues es también especialmente característica de otras regiones cerebrales, como la corteza cerebral, donde se forman, como ya dijimos, muchas representaciones neuronales de información.

La memoria, en definitiva, es analógicamente comparable a los canales que forma el agua de la lluvia en los suelos blandos de los caminos. Cuanto más llueve, más se profundizan y estabilizan esos canales. Le recuerdan, además, al agua por dónde debe circular cuando regrese. En las personas y animales, la experiencia es como la lluvia, pues ella es la que marca en el plástico cerebro los canales neuronales por donde circulan los recuerdos.

Cómo cambian las sinapsis cuando aprendemos

A mitad de los años sesenta y principios de los setenta del siglo pasado, el científico noruego Terje Lomo y el británico Timothy Bliss descubrieron, en el hipocampo de conejos anestesiados, sinapsis que se comportaban de modo parecido a los músculos esqueléticos, ya que cuanto más se las obligaba a trabajar, más fuerza adquirían esas sinapsis para transmitir información entre las neuronas. Lo que hacían para verificarlo era, en cada sinapsis individual, estimular con pequeñas descargas eléctricas repetitivas a la neurona presináptica y medir la respuesta eléctrica de la postsinática antes de la estimulación, en el momento de la misma y algún tiempo más tarde. De ese modo descubrieron que, cuando se obliga a una sinapsis a trabajar intensamente liberando su neurotransmisor, ocurren en ella cambios que potencian su capacidad para transmitir la información, pues las respuestas eléctricas de la neurona postsináptica crecen y son mayores a partir de entonces. En diversos experimentos descubrieron que esa potenciación es tanto más duradera cuanto más se obliga a trabajar a la sinapsis, es decir, cuanto más se estimula a la neurona presináptica, pudiendo durar no sólo minutos, sino también horas e incluso días. Es por ello que llamaron al descubrimiento *potenciación sináptica a largo plazo* (PLP) y pensaron que ese tipo de potenciación duradera podría constituir un mecanismo por el que las neuronas y sus sinapsis retienen o almacenan la información que el animal adquiere.

Otros experimentos han mostrado que la estimulación eléctrica de baja frecuencia, es decir, menos repetitiva, o ciertos tipos de aprendizaje, en lugar de potenciar las sinapsis pueden también debilitarlas de una forma duradera, fenómeno que ha recibido el nombre de *depresión sináptica a largo plazo* (DLP). Transferido a los humanos, todo ello significa que cuando aprendemos se potencian o deprimen unas determinadas sinapsis en el cerebro dando lugar a la formación de nuevos y complejos circuitos neuronales que constituyen el soporte de la memoria, pues cuando posteriormente se activan, sobrevienen los recuerdos.

Los resultados de numerosos experimentos realizados en el hipocampo de la rata en diversos laboratorios muestran cómo se produce la PLP, es decir, cómo cambian las neuronas para potenciar sus sinapsis y, con éstas, la dinámica y funciones de los circuitos en que se integran. El proceso es muy complejo y todavía nos falta mucho por conocer, pero el análisis de lo que ocurre en una única sinapsis plástica del hipocampo de la rata puede ser suficiente para ilustrarlo y dar una idea del mismo. En síntesis, el mecanismo consiste en que al ser estimulada por una situación de aprendizaje, o por la activación eléctrica que el experimentador puede suministrarle mediante microelectrodos, la neurona presináptica libera inmediatamente *glutamato*, un neurotransmisor que difunde por el minúsculo espacio de la sinapsis hasta alcanzar la neurona postsináptica. Allí activa a otras moléculas importantes para el proceso, como el *receptor NMDA (N-metil-D-aspartato)*, y ello origina una compleja y sucesiva cascada de eventos moleculares que incluyen como más importantes la activación de genes en el núcleo de la neurona y la modificación o la síntesis de nuevas proteínas, como la *actina*, que constituye una especie de andamio sobre el que se forman y crecen los nuevos brotes o espinas dendríticas en esa neurona.

Muchas de las nuevas espinas dendríticas que de ese modo se forman cuando aprendemos sirven para ampliar o fortalecer las sinapsis ya existentes o para formar nuevas sinapsis con otras neuronas, ampliando así la extensión de los circuitos neuronales en que se implican. Ahora sabemos que las nuevas espinas tienden a aparecer en grupos de pares de espinas vecinas, siendo éstas más persistentes que las que se forman aisladamente. En la formación de las nuevas sinapsis tienen también un papel muy importante moléculas como las *caderinas*, que sirven para mantener adheridas las dos neuronas que las forman. Igualmente, intervienen otras moléculas de especial importancia, como el *BDNF* (*Brain derived neurotrophic factor*), una proteína que estimula el crecimiento y la diferenciación de las neuronas y las sinapsis.

El error de predicción

La experiencia cotidiana nos puede hacer creer que para que dos estímulos queden asociados por el aprendizaje basta con que se nos presenten uno a continuación o muy cerca del otro. Por ejemplo, cuando nos presentan a una persona, podría bastar con que enseguida nos digan su nombre para que esa persona quede asociada a ese nombre y lo recordemos en el futuro. Sin embargo, la propia experiencia y los resultados de experimentos recientes nos muestran que eso puede no ser suficiente, y que para que la asociación entre dos estímulos se establezca con fuerza y sea consistente es necesario que quien aprende detecte una discrepancia o cierto grado de sorpresa entre lo que supone o espera que ocurra tras el primer estímulo y lo que realmente llega con el segundo. En cada situación de aprendizaje, esa diferencia entre lo esperado y lo que verdaderamente ocurre recibe el nombre de *error de predicción*. Veamos a continuación algunos ejemplos.

Cuando, tras mover de un modo determinado el tronco de un árbol, caen de él más frutas de las esperadas, el error de predicción es positivo y fortalece el aprendizaje de mover el tronco para obtener frutos. Pero si al mover el tronco cae sólo la cantidad de frutos que esperábamos, no se produce un error de predicción ni aprendemos nada nuevo. Y si cuando movemos el tronco esperando que caiga fruta, no cae ninguna, el error de predicción que se produce es negativo y, más que a reforzar la conducta de mover el árbol para conseguir fruta, tiende a extinguirla, es decir, a que no volvamos a intentarlo. En este último caso, lo que el error de predicción fortalece es el aprendizaje de que moviendo el tronco de esa manera no conseguiremos frutos. Otro ejemplo sería cuando introducimos monedas en una máquina suministradora de refrescos. Si la máquina nos sirve varios en lugar del único esperado, el error de predicción es positivo y nos enseña que esa máquina funciona de modo diferente al previsto, y si no nos suministra ningún refresco, el error de predicción es negativo y sirve para extinguir la conducta de seguir probando. En esos y otros ejemplos más complejos, el error de predicción actúa como una señal o aviso que sirve para corregir desaciertos en las suposiciones o expectativas que tenemos sobre las cosas que han de pasar en determinadas circunstancias.

Hace tiempo que sabemos que cuanto mayor y más positivo es el error de predicción, más cantidad del neurotransmisor *dopamina* liberan las neuronas del *área tegmental ventral* del *mesencéfalo* en lugares de la base del cerebro, como el *núcleo accumbens*. Así, las sorpresas o las recompensas inesperadas hacen que se activen intensamente esas neuronas y liberen mucha dopamina. Por el contrario, cuando las recompensas esperadas no llegan, esas neuronas, en lugar de activarse, se desactivan y liberan menos dopamina de lo habitual. En el cerebro de ratas se ha observado que cuando el aprendizaje está teniendo lugar hay mucha liberación de dopamina, pero, a medida que el aprendizaje se va instaurando y haciendo más fuerte, cada vez es menor la liberación de dopamina en el núcleo accumbens. Patricia Janak y su equipo de investigadores de la Universidad de San Francisco recientemente han conseguido que un estímulo luminoso que, por no producir error de predicción, no quedaba asociado a pequeñas descargas eléctricas en las patas de las ratas, sí quedase asociado a esas descargas cuando su presentación era acompañada de un falso error de predicción obtenido artificialmente haciendo que se liberase dopamina en el cerebro de los animales mediante la moderna técnica de *optogenética*. Ello ha confirmado la importancia que puede tener la liberación de dopamina y el error de predicción para que tenga lugar el aprendizaje.

Influencias epigenéticas en el aprendizaje y la memoria

Como ya vimos, una característica distintiva y muy importante de la formación de nuevas conexiones sinápticas, y con ellas de nuevas memorias, es la síntesis de proteínas que tiene lugar en las neuronas implicadas. Es por eso que los medicamentos y drogas que impiden o reducen esa síntesis desestabilizan las sinapsis y pueden impedir la formación de memorias estables y duraderas. No obstante, hay experimentos cuyos resultados muestran que la degradación de ciertas proteínas de las neuronas puede ser también importante para que se formen las memorias. Es decir, tanto la formación de nuevas proteínas como la desaparición de algunas de las ya existentes en las neuronas pueden ser necesarias según los casos para que aprendamos y se formen nuevas memorias en el cerebro.

Particularmente importante en relación con esos procesos es la *epigenética*, es decir, las influencias o factores de todo tipo, ambientales y fisiológicos, que, sin modificar los genes contenidos en las neuronas, pueden controlar su expresión y determinar de ese modo si se sintetizan o no las proteínas necesarias para que se establezcan las memorias. La epigenética la podemos asimilar a interruptores que activan o desactivan los genes que llevan la información para sintetizar las moléculas necesarias para que tengan lugar procesos fisiológicos, como el aprendizaje y la memoria. Ahora sabemos que el que se expresen o no muchos de los genes que tenemos en nuestras neuronas puede depender más de factores epigenéticos que de ellos mismos.

Para entenderlo mejor es conveniente recordar que todas y cada una de las células de nuestro cuerpo, sean del cerebro, la piel o cualquier otro órgano o tejido, contienen en su núcleo los genes que llevan la información para construir nuestro organismo, algo así como «los planos» para hacerlo. En el núcleo de cada célula (figura 3), esos genes son como trozos sucesivos de una larga cadena de moléculas en forma de doble hélice, que es el *ADN* (ácido desoxirribonucleico). Pero el ADN de cada célula o neurona está fragmentado y comprimido en distintos grupos o *cromosomas* que contienen, cada uno de ellos, diferentes genes. Los humanos tenemos en los núcleos de todas y cada una de nuestras células 23 pares de cromosomas que constituyen en su conjunto el llamado *cariotipo genético* humano. Un cromosoma de cada par es la herencia recibida de nuestro padre y, el otro, la de nuestra madre.

En cada cromosoma, unas proteínas llamadas *histonas* mantienen plegado el ADN formando con él una estructura conjunta que es la *cromatina* (figura 3). De ese plegamiento, es decir, de la estructura de la cromatina, depende el que puedan expresarse o no los genes contenidos en su ADN. Es por esa dependencia que diferentes estímulos ambientales o fisiológicos pueden funcionar como factores epigenéticos capaces de modificar la estructura de la cromatina, es decir, el modo en que se pliega en ella el ADN, haciendo posible que determinados genes se expresen y den lugar a la síntesis de las proteínas necesarias para formar las memorias. Los factores epigenéticos funcionan produciendo cambios bioquímicos (*acetilaciones* y *metilaciones*) en las histonas que cambian la estructura de la cromatina. Una metáfora para entenderlo todavía mejor podría ser la siguiente: si el ADN de cada cromosoma fuese algo así como un escenario repleto de actores, que serían los genes, para que cada actor pudiera actuar y hacer su propia representación, tendría que descomprimirse la parte del escenario donde se encuentra. Esa descompresión es el equivalente a lo que hacen las acetilaciones y metilaciones del ADN de los cromosomas para permitir la expresión de ciertos genes.

En experimentos de laboratorio se ha observado que cuando los ratones aprenden a tenerle miedo al lugar donde recibieron una ligera descarga eléctrica en sus patas, la memoria de ese miedo sólo es duradera si en las neuronas de su hipocampo, una estructura del cerebro muy importante para la memoria, se producen cambios epigenéticos que permiten la expresión de los genes que llevan la información para sintetizar las proteínas que requiere la formación de la memoria de miedo. La propia conducta, el modo y contexto en que se aprende o el consumo de fármacos o drogas pueden actuar como factores epigenéticos que, mediante los mecanismos explicados, permitan o faciliten el aprendizaje. En otro interesante experimento, las ratas aprendían a encontrar la comida asociada a determinados olores y cuando inmediatamente tras el aprendizaje se les administró una sustancia que modificaba las histonas y se facilitó con ello la expresión de determinados genes, se consiguió alargar su memoria para ese aprendizaje hasta 30 días después del mismo, cuando por lo general esa misma memoria dura mucho menos en los animales no tratados.

Una característica importante de los cambios epigenéticos es que pueden heredarse, es decir, transmitirse de padres a hijos. En ratones, recientemente se ha comprobado que el estrés de los progenitores machos puede modificar el contenido de su esperma y, de ese modo, transmitir una herencia genética modificada que hace que sus descendientes tengan menor reactividad emocional que la que tendrían si no hubieran sido engendrados por padres estresados. Más interesante aún es el estudio que ha mostrado que cuando se entrena a los ratones para tenerle miedo a un olor asociándolo con una descarga eléctrica en sus patas, no sólo ellos adquieren ese miedo, sino también sus hijos e incluso los descendientes de sus hijos, es decir, la siguiente generación. Se ha descubierto, además, el mecanismo por el que esa transmisión tiene lugar, en concreto: ese olor al asociarse con la descarga eléctrica, activa un gen del cerebro de los ratones relacionado con la expresión en sus fosas nasales de una molécula receptora para el mismo. Ese gen es entonces específicamente alterado (desmetilado) en la línea germinal, es decir, en el esperma, y se transmite entonces a los descendientes con una capacidad aumentada para detectar ese particular olor. El trabajo es especialmente importante porque demuestra el extraordinario poder de la epigenética, al mismo tiempo que viene también a dar la razón a las teorías del naturalista francés Jean Batiste Lamarck (1744-1829) cuando proponía que los descendientes podrían heredar el conocimiento adquirido por los padres durante su vida. Nos queda mucho por saber sobre las propiedades y el funcionamiento de la epigenética, pero no es descartable que la investigación en ese sentido nos depare algunas o muchas sorpresas sobre factores de todo tipo hasta ahora inadvertidos que pudieran ser la clave para entender cuándo y cómo se forman las mejores memorias.

2

Dinámica temporal y ubicación de las memorias

En el curso de la evolución, los cerebros han desarrollado la capacidad para establecer diferentes tipos de aprendizaje y memoria, cada uno de ellos dotado de propiedades que sirven para funciones adaptativas particulares de los seres vivos. Hay aprendizajes que requieren poco esfuerzo y forman rápidamente memorias de corta duración, que nos sirven para ejecutar una tarea momentánea, como la que nos permite marcar un número de teléfono o buscar la requerida página de un libro. Otros aprendizajes implican más trabajo y forman las memorias duraderas que nos permiten conductas habituales, como identificar objetos familiares, hablar una lengua, vestirnos o conducir un vehículo. Esas memorias duraderas, son también las que nos permiten adquirir el conocimiento semántico, como el que tenemos de geografía, de ciencias sociales o del sistema nervioso, y el conocimiento episódico o autobiográfico, que son los recuerdos de las cosas que nos han pasado en distintos lugares y momentos de nuestra vida.

Memorias transitorias y memorias duraderas

Sorprende lo rápido que se producen los cambios en las neuronas cuando aprendemos, pues en el plazo de segundos empiezan a formarse nuevas espinas dendríticas, en minutos aparecen como tales y en horas pueden haberse estabilizado y estar formando sinapsis funcionales. No obstante y como ya vimos, incluso las memorias más simples suelen basarse en múltiples sinapsis, contenidas en complejas redes neuronales extendidas por diferentes partes del cerebro, particularmente por la *corteza cerebral* y los *núcleos subcorticales* (figura 2). Eso implica que la formación completa de algunas memorias puede llevar bastante tiempo. Únicamente en situaciones de alto contenido emocional, como cuando nos dan de repente la noticia de la muerte de un amigo, el proceso resulta acelerado y las memorias pueden formarse con mucha rapidez y de un modo indeleble.

En situaciones normales y menos emotivas, el proceso de formación de las memorias es más lento e incluye básicamente dos estadios o etapas consecutivas que llamamos memoria a corto plazo y memoria a largo plazo. La *memoria a corto plazo* es la memoria inmediata que tenemos para los estímulos que acabamos de percibir. Es el almacenamiento de una cantidad limitada de información (menos de una docena en el caso de números o dígitos) durante un corto período de tiempo. Un ejemplo clásico es el número de teléfono que retenemos en la mente durante el breve tiempo que necesitamos para marcarlo. Es por tanto una memoria transitoria que enseguida se desvanece y que es además muy frágil, pues resulta muy vulnerable a cualquier tipo de interferencia. Si mientras retenemos en la mente un número de teléfono nos dicen otro diferente o nos hacen pensar en otra cosa, ese número se nos olvida y tenemos que volver a preguntarlo o a mirarlo en la agenda para poder marcarlo.

La memoria a corto plazo se basa en la actividad sostenida o en cambios efímeros en las sinapsis y redes de neuronas que procesan la información que contiene. Generalmente consiste en cambios químicos y morfológicos, como modificaciones en las proteínas de las neuronas que incluso pueden llegar a formar nuevas espinas dendríticas y conexiones sinápticas, pero que no llegan a estabilizarse por ser insuficiente la estimulación o el aprendizaje que las produce. Es por ello que mientras marcamos el número de teléfono no podemos atender a otra cosa que a su recuerdo sin riesgo de olvidarlo. Después de marcarlo solemos olvidarlo indefinidamente a no ser que lo volvamos a utilizar una y otra vez, es decir, que repitamos el aprendizaje. Si esto último ocurre, o lo que es lo mismo, si tiene lugar la repetición de la experiencia, se activan por completo en las neuronas implicadas los mecanismos genéticos anteriormente mencionados que originan la síntesis de las proteínas necesarias para estabilizar las nuevas sinapsis que el aprendizaje ha ido originando. Progresivamente entonces las memorias pasan al estadio temporal siguiente llamado memoria a largo plazo.

La *memoria a largo plazo* es una memoria estable y duradera, muy poco vulnerable a las interferencias y capaz de almacenar una gran cantidad de información durante un tiempo indefinido. Gracias a esta memoria recordamos permanentemente quiénes somos, a nuestros familiares y amigos, la lengua que hablamos, el lugar en que vivimos, los conocimientos necesarios para ejercer nuestra profesión y muchos de los acontecimientos de nuestra vida pasada. La memoria a largo plazo se basa en redes neuronales muy amplias y estables, formadas también a partir de procesos y cambios sinápticos como los anteriormente explicados capaces de promover PLP en las sinapsis de esas redes. Requiere, por tanto, la activación de receptores como los NMDA y de otras muchas moléculas que promueven la formación de nuevas espinas dendríticas y conexiones sinápticas, y la expresión de los genes implicados en la síntesis de nuevas proteínas que sirven para estabilizar esas espinas y conexiones. Aprender es siempre un intento de almacenar información en el sistema de memoria a largo plazo. El proceso gradual por el que las memorias a corto plazo se convierten en memorias a largo plazo se denomina *consolidación de la memoria.* Siendo como es un proceso contínuo, la distinción entre memoria a corto plazo y memoria a largo plazo es relativa y constituye más bien un recurso didáctico. Algunos investigadores consideran que es una distinción con poco sentido y que las memorias están representadas y organizadas en el cerebro no tanto por lo que duran como por la naturaleza cualitativa de la información que contienen.

Dónde, en qué circuitos y neuronas se ubican las memorias

Una intrigante cuestión es cómo el aprendizaje selecciona los circuitos neuronales y/o las sinapsis específicas donde se sitúa y consolida la información adquirida, evitando las posibles interferencias que podrían generarse por las diferentes memorias acumulables a lo largo de la vida. Dicho de otro modo, ¿cómo el cerebro se las arregla para codificar y representar la nueva información sin que se produzcan interferencias con la información más vieja ya representada? En respuesta a esta cuestión hemos de empezar por decir que el proceso de consolidación de la memoria se basa no sólo en la formación de nuevas espinas dendríticas y conexiones sinápticas o en la potenciación de las ya existentes en el cerebro, sino también, como ya dijimos y algunos experimentos de laboratorio han demostrado, en la eliminación de aquellas espinas o la debilitación de aquellas sinapsis ya existentes en el cerebro que pudieran impedir o interferir el nuevo aprendizaje. Pero además, una primera respuesta a dicha pregunta es que los procesos de atención que preceden o se dan conjuntamente con el aprendizaje pueden activar a determinadas neuronas que se vuelven entonces más excitables que otras, haciéndose por ello más susceptibles de ser seleccionadas y reclutadas como lugar para almacenar las memorias en ciernes.

El hipocampo es una de las estructuras más importantes del cerebro, no sólo para formar o incluso almacenar determinadas memorias, sino también para distinguir entre las nuevas y las viejas. Como ya vimos, cuando aprendemos, sus circuitos neuronales se activan y originan en sus sinapsis las cascadas de eventos moleculares que sirven de soporte a muchas memorias. Ahora también sabemos que en la *circunvolución dentada*, una parte del *sistema hipocampal* (figura 2), se generan cada día miles de nuevas neuronas y aunque la mayoría de ellas mueren y desaparecen al poco tiempo de nacer, las situaciones de aprendizaje mantienen vivas a muchas de ellas y pueden incorporarlas a los circuitos que reclutan para albergar las nuevas memorias. Un ejemplo lo tenemos en los resultados de un buen número de experimentos con roedores que muestran que las nuevas neuronas generadas en el cerebro adulto pueden servir no sólo para que tenga lugar el aprendizaje espacial, particularmente el basado en señales del entorno, es decir, el *aprendizaje alocéntrico*, sino también para que se forme una memoria a largo plazo y para que lo aprendido pueda expresarse con flexibilidad en situaciones diferentes a la original. También sabemos que para que las nuevas neuronas puedan ser afectadas o reclutadas por el aprendizaje es especialmente importante que éste tenga lugar pronto, no más tarde de una semana, tras la génesis de esas neuronas. Otros factores, como el tipo de aprendizaje, la dificultad de la tarea a aprender y la cepa o el sexo de los animales experimentales, son también importantes para determinar si las nuevas neuronas sobreviven y si, por tanto, pueden ser incorporadas en los circuitos neuronales que sustentan las memorias en curso de formación.

Los cambios que tienen lugar en las neuronas del hipocampo cuando aprendemos podemos considerarlos como una primera fase de la consolidación de las memorias y como un filtro inicial de lo que potencialmente puede ser retenido en el cerebro. Pero las memorias no siempre permanecen almacenadas en los mismos circuitos neuronales donde originalmente se forman, pues con el tiempo muchas «migran», por así decirlo, y se instalan en otros lugares. Así, las memorias que originalmente se establecen en el hipocampo, con el tiempo pueden acabar instalándose en diferentes áreas de la corteza cerebral, lo cual supone un proceso de integración de la información memorizada en el cerebro que puede durar días, meses o incluso años y que recibe el nombre de *consolidación de sistema*. Es algo así como si pasásemos la información desde una memoria transitoria al «disco duro» del cerebro. Esta consolidación ulterior potencia los elementos comunes del conjunto de la información almacenada en el mismo y crea, de ese modo, categorías o prototipos de información, es decir, memoria semántica.

La consolidación de sistema, más allá de la consolidación sináptica, es decir, la que tiene lugar previamente a nivel celular, se justifica y entiende mejor analizando la posible secuencia de eventos que tienen lugar en el cerebro cuando aprendemos. Si, por ejemplo, se trata de asociar un nombre a la cara de una persona, lo primero que hacemos es percibir y representar ese nombre y esa cara en las áreas auditivas y visuales, respectivamente, de la corteza cerebral. Inmediatamente después, o quizá al mismo tiempo y formando parte de un automatismo que tiene lugar siempre que aprendemos, esas áreas corticales activan simultáneamente al hipocampo originando en sus neuronas las nuevas espinas dendríticas y conexiones sinápticas que sirven de nexo o asociación entre los estímulos auditivos y visuales que dichas áreas corticales representan. Vemos entonces cómo los estímulos representados en diferentes áreas de la corteza cerebral quedan asociados entre sí indirectamente, a través del hipocampo, o también a través de otras estructuras subcorticales, como la amígdala. De ese modo, lo que el hipocampo contiene y representa no son los propios estímulos asociados, sino sólo una especie de índice del lugar de la corteza cerebral donde se encuentran representados. A la hora de recordar bastará con que percibamos uno de los dos estímulos, por ejemplo, la cara, para que a través del hipocampo se active el área de la corteza cerebral que evoca el nombre de la persona.

Pero con el tiempo, la evocación repetida de esa asociación, con la consiguiente activación simultánea de las áreas de la corteza cerebral implicadas, hace que se potencien las sinapsis entre esas áreas y que la asociación acabe por establecerse directamente entre ellas. Es entonces cuando el hipocampo deja de ser necesario para evocar el recuerdo. Ése, y no otro, puede ser el modo en que tiene lugar la migración de la memoria desde el hipocampo a la corteza cerebral. El personaje *Celestina*, de la literatura clásica española, es una buena metáfora de lo que muchas veces puede hacer el hipocampo en relación con el aprendizaje y la memoria, a saber, forzar o promover una unión hasta que queda por sí misma consolidada. La prueba de que algo así ocurre es que cuando se daña el hipocampo de una rata poco después de un determinado aprendizaje, la memoria para el mismo desaparece, pero si se daña mucho tiempo después del aprendizaje, la memoria no se pierde, probablemente porque ya no necesita del hipocampo al haberse establecido la asociación directamente en la corteza cerebral. Hablar entonces de «migración» de la memoria, aunque ayude como recurso didáctico, es hasta cierto punto impropio ya que, como podemos ver en el ejemplo mencionado, los elementos o estímulos asociados están representados en la corteza y lo que cambia entonces es el lugar donde se almacena la asociación propiamente dicha.

Hay, no obstante, una posibilidad alternativa, y es que con el tiempo el papel asociativo del hipocampo lo asuma la *corteza prefrontal* (figura 2), la parte más evolucionada del cerebro humano, pues también tiene conexiones recíprocas con las demás áreas de la corteza cerebral y los núcleos subcorticales, siendo además una estructura, como veremos más adelante, con funciones ejecutivas. En consecuencia, y contrariamente a lo que ocurre cuando se daña el hipocampo, en experimentos con ratas se ha observado que las lesiones de la corteza prefrontal alteran el recuerdo de las memorias antiguas, pero no de las recientes. Eso apoya la hipótesis de que con el tiempo y, al menos en algunos casos, es esa corteza la que se hace cargo de las asociaciones que inicialmente establece el aprendizaje.

También es posible que la consolidación de sistema no sea previa, sino simultánea a la consolidación celular que tiene lugar inicialmente en las neuronas subcorticales, como las del hipocampo. La experiencia cotidiana nos dice que la existencia de conocimiento previo con el que la nueva información aprendida pueda ser relacionada facilita la memoria para la misma. Cuando esa información es consistente, es decir, cuando encaja bien en los esquemas ya existentes en el cerebro, su consolidación se acelera, pero cuando incluye conocimiento inconsistente con esos esquemas, su consolidación requiere más tiempo. Lo que puede ocurrir, por tanto, cuando aprendemos es que la nueva información que adquirimos vaya siendo enseguida asimilada e inmediatamente integrada en los esquemas de memoria que ya tenemos almacenados en las redes neuronales previamente establecidas en la corteza cerebral. Un ejemplo lo tenemos en un experimento donde se ha observado que cuando una rata tiene que aprender por el olor cuál es el recipiente donde está la comida, lo aprende más rápidamente si ese recipiente está en el mismo entorno espacial donde anteriormente ella misma aprendió a asociar otros olores y recipientes con la comida. Pero lo más interesante en el caso que nos ocupa es que bastaron sólo dos días para que la memoria formada para el nuevo olor ya dependiera sólo de la corteza cerebral, es decir, para que ya se hubiera producido su migración desde el hipocampo a la corteza, mientras que en un experimento control en el que la rata no había adquirido un contexto espacial previo, la memoria a los dos días seguía dependiendo del hipocampo. Aplicado a los humanos, ese resultado nos sugiere que el conocimiento previo que tenemos almacenado en el cerebro juega un papel importante a la hora de codificar y consolidar la nueva información.

En resumen, cuando en la corteza cerebral hay ya un esquema o red neuronal previa y congruente con la nueva información a aprender, ésta deja de depender del hipocampo y es rápidamente asimilada e integrada en aquélla. Si no es así, se precisa el concurso de la corteza prefrontal para acomodar el nuevo aprendizaje en los esquemas ya existentes en el cerebro y ello puede ser un proceso más lento de asimilación, sobre todo si ese nuevo aprendizaje es complejo e incluye elementos sensoriales, motivacionales, emocionales, semánticos y sociales, entre otros posibles. La corteza prefrontal funciona, por tanto, como un reconciliador de asociaciones en la formación de los esquemas o memoria semántica en el cerebro. La memoria resulta así un proceso dinámico que actualiza continuamente sus representaciones para incorporar la nueva información que se va adquiriendo.

Cómo se mantienen las memorias una vez establecidas

Si la memoria a largo plazo depende de los cambios morfológicos y funcionales que hacen posible la potenciación de las sinapsis, otra cuestión a considerar es cómo esos cambios –y con ellos las memorias que representan– se mantienen por largos períodos de tiempo e incluso durante toda la vida. Tal como vimos anteriormente, una cascada de numerosas moléculas promueve dichos cambios morfológicos y la síntesis de las proteínas que se necesitan para estabilizarlos y consolidarlos. Sin embargo, en experimentos con roedores se ha observado que cuando varias horas después del aprendizaje se administran sustancias que inhiben muchas de esas moléculas, las memorias adquiridas no desaparecen. Eso indica que, aunque sean importantes en las fases iniciales del aprendizaje, la mayoría de las moléculas inducidas se eliminan pronto y no son necesarias para mantener las memorias cuando ya están consolidadas.

A pesar de ello, recientemente llamó la atención una molécula, la enzima *proteína quinasa-Mζ*, que no se elimina y permanece en las espinas dendríticas conservando una actividad que mantiene potenciada la respuesta de las sinapsis en que está implicada. De hecho, cuando la proteína quinasa-Mζ se inhibe en las ratas mediante fármacos, desaparece la memoria para muchos tipos de tareas, como el miedo condicionado, la aversión aprendida al gusto o el aprendizaje espacial. Se creyó entonces que esa molécula podría ser una clave para entender el mantenimiento de las memorias, es decir, en la actividad permanente de esa proteína, que al parecer radica en su inusual estructura molecular, podría basarse el mantenimiento de las memorias a largo plazo. Pero lo que inicialmente pareció un importante hallazgo se ha visto ahora frustrado por nuevos y recientes experimentos que muestran que los *ratones transgénicos* que carecen de dicha proteína tienen una potenciación sináptica normal en el hipocampo y no presentan problemas para aprender y recordar comportamientos que dependen de esa estructura. Lo cierto es que si el mantenimiento de la memoria a largo plazo dependiese de la presencia o ausencia de proteínas como la quinasa-Mζ en determinadas sinapsis, algún día podríamos cuantificar en el laboratorio la fuerza de una memoria contando el número de espinas dendríticas que las contienen después de que el animal aprende y recuerda la tarea. Las memorias indeseables podrían entonces ser eliminadas sólo con inhibir la actividad de moléculas como ellas en las neuronas implicadas.

Más prometedores para resolver el problema del mantenimiento de las memorias resultan los estudios y experimentos, también con ratas, que muestran que cuando los cambios epigenéticos que el aprendizaje origina en las neuronas de la corteza cerebral se impiden un mes más tarde mediante un tratamiento farmacológico, se altera la memoria de ese aprendizaje. Eso indica que los cambios epigenéticos podrían ser importantes para mantener estables los circuitos neuronales que hacen posible la memoria a largo plazo.

Quién suministra la energía para formar las memorias

Un último aspecto a considerar en este capítulo del libro es el aporte energético que las neuronas necesitan para producir los cambios que hacen posible la consolidación de las memorias. Para ello hemos de tener en cuenta no sólo los vasos sanguíneos que les aportan directamente oxígeno y glucosa, sino también los *astrocitos*, uno de los tipos de *células gliales* que acompañan a las neuronas en el cerebro proporcionándoles diversos tipos de asistencia. Los astrocitos son células estratégicamente intercaladas entre los vasos sanguíneos y las sinapsis y constituyen la principal reserva energética del cerebro, pues acumulan *glucógeno*, una macromolécula capaz de descomponerse en *glucosa*, el combustible principal que utilizan las neuronas para funcionar. Esa glucosa es especialmente necesaria para los cambios que convierten la memoria a corto plazo en memoria a largo plazo, es decir, para la consolidación de las memorias.

Pero los astrocitos, al descomponer el glucógeno que contienen, además de la glucosa aportan ácido láctico, una sustancia que al parecer no sólo tiene funciones puramente energéticas, sino que contribuye también, de algún modo todavía no conocido, a la formación de las memorias. Se ha comprobado que cuando las ratas inician un aprendizaje, el ácido láctico aumenta en el entorno de las neuronas de su hipocampo y que la carencia de ese ácido dificulta la consolidación de la memoria para el aprendizaje en curso. Por otro lado, y como veremos más adelante, la adrenalina que liberan en la sangre las glándulas suprarrenales cuando estamos emocionados o estresados, contribuye también poderosamente a la descomposición del glucógeno almacenado en el hígado y, con ello, a la liberación de glucosa en la sangre.

3

Aprender lo inexplicable: la memoria implícita

Qué es la memoria implícita

LA *MEMORIA IMPLÍCITA*, TAMBIÉN llamada *procedimental*, es la que tenemos para los hábitos de comportamiento, tanto los que implican movimientos y acción como los mentales o cognitivos. La memoria implícita es fundamentalmente inconsciente y se basa en aprendizajes muy antiguos en su evolución y estrechamente ligados a las condiciones particulares de adaptación y supervivencia de cada especie animal. Son aprendizajes que podemos adquirir por pura experiencia, de manera automática y sin ni siquiera pretenderlo, pues no requieren atención. Memoria implícita es la que hace que dejemos de sobrecogernos cuando oímos ruidos intensos con los que ya estamos familiarizados (*habituación*), que sintamos miedo ante una voz o un sonido amenazante o que salivemos en presencia de una comida apetitosa (*condicionamiento clásico*), que nos comportemos en público de forma socialmente aceptada (*condicionamiento instrumental*), discriminemos estímulos sensoriales similares (*aprendizaje perceptivo*) o que sepamos nadar, escribir o montar en bicicleta (*aprendizaje mo-*

tor). Todos los mencionados son ejemplos de los tipos de aprendizaje que forman memorias implícitas.

Gracias a este tipo de memorias somos capaces de recitar poesías, cantar canciones o pronunciar discursos frase a frase y palabra a palabra, eso que habitualmente llamamos aprender o recitar de memoria o carrerilla. La memoria implícita también la utilizamos para operaciones mentales rutinarias, como hacer multiplicaciones, pensar y razonar rutinariamente sobre asuntos y problemas familiares, o para tomar decisiones sobre cosas repetitivas y habituales. Nuestras inercias, por tanto, aunque no lo parezca, no son sólo de movimiento y acción, sino también mentales, es decir, tendemos también a pensar o razonar del mismo modo sobre los mismos asuntos y las mismas cosas, lo que a veces puede crearnos problemas por ser inflexibles en nuestros pensamientos y planteamientos. La memoria implícita, en definitiva, es la que tenemos para hacer las cosas que solemos hacer con frecuencia.

La memoria implícita se adquiere gradualmente y se perfecciona con la práctica, haciéndose poco a poco fiel, rígida y duradera. O sea, aprendemos a nadar poco a poco, cuanto más practicamos mejor lo hacemos, nadamos siempre del mismo modo, con nuestro propio estilo, y una vez que aprendemos no se nos olvida cómo hacerlo aunque pase mucho tiempo. Como ya tuvimos ocasión de explicar, una excepción son las memorias de las situaciones con alto contenido emocional, las memorias de impacto, que pueden ser adquiridas muy rápidamente, incluso con una sola experiencia, es decir, de una sola vez, y tardan mucho en debilitarse cuando lo hacen. De ese modo, podemos seguir sintiendo miedo ante un ruido de choque de un coche similar al que nos impactó en un accidente anterior o sentir alegría, incluso sin saber por qué, cuando volvemos al lugar donde nos dieron una buena e impactante noticia en el pasado. El recuerdo o expresión de la memoria implícita es en gran medida automático y difícil de verbalizar o explicar de algún modo. No podemos explicar, por ejemplo, la memoria que tenemos para saber vestirnos, para nadar o para conducir un automóvil.

Predisposiciones biológicas de la memoria implícita

Otra característica distintiva de las memorias implícitas son las predisposiciones biológicas congénitas de cada especie animal y de cada individuo o persona para adquirirlas. Esas predisposiciones son, por ejemplo, las que tienen quienes nacen con una capacidad superior a la normal para percibir el espacio, los tonos musicales o los sonidos del lenguaje, lo que puede facilitar su conversión en grandes artistas, en buenos músicos o en individuos políglotas, respectivamente. Casi todas las formas de aprendizaje que dan lugar a memoria implícita están condicionadas por grados más o menos específicos de esas predisposiciones, que no son otra cosa que gran plasticidad cerebral para determinadas tareas. Hay muchos ejemplos en el reino animal. Las abejas son animales especialmente capaces de establecer asociaciones con colores y olores, los pájaros que anidan tienen una excelente memoria espacial, las ratas son animales que se adaptan bien al aprendizaje en laberintos guiadas por olores, los primates han desarrollado habilidades especiales para el aprendizaje de naturaleza social y, entre estos últimos, los humanos somos especialmente capaces de identificar voces y rostros de congéneres. Las mujeres, además, superan a los hombres en capacidad perceptiva para detectar detalles, por ejemplo, en una imagen visual compleja. Es obvio, por otro lado, que diferentes individuos de uno y otro sexo heredan predisposiciones que, como ya hemos dicho, les capacitan para adquirir con eficacia determinados tipos de aprendizaje. Ni que decir tiene lo importante que son también las predisposiciones de origen ambiental, es decir, las que generan la educación y el ámbito social en que se desenvuelven las personas, particularmente en edades tempranas y muy sensibles de la vida, como la infancia y la adolescencia.

Hábitos de comportamiento motor

La mayoría de las conductas voluntarias acaban convirtiéndose por repetición en hábitos de comportamiento, en costumbres, manierismos o rituales. Una vez establecidas esas conductas como hábitos, si, por ejemplo, cogemos un peine, casi no hace falta voluntad para que la mano se vaya con él directamente a la cabeza e inicie el peinado del cabello. Cuando entramos en el coche, automáticamente y sin pensarlo ponemos la llave en la cerradura de arranque y comprobamos con la mano la posición del cambio de marcha al mismo tiempo que pisamos el embrague. Cuando caminamos hacia el trabajo o a casa, recorremos el camino sin equivocarnos incluso cuando lo hacemos pensando en otras cosas. Los hábitos que adquirimos llegan a ser tan potentes que incluso cuando sabemos que la bombilla está fundida, nuestra mano puede irse automáticamente, sin pensarlo, al interruptor pretendiendo encenderla. Esas y otras muchas conductas habituales no nacieron con nosotros, pues las hemos aprendido en alguno o diferentes momentos de la vida y la práctica las ha perfeccionado y automatizado. A diferencia de la conducta voluntaria, que está controlada por sus consecuencias, los hábitos están controlados por sus antecedentes, por las experiencias previas de comportamiento que hemos tenido. Muchos hábitos como los anteriormente mencionados son motores, es decir, implican acción y movimientos de nuestro cuerpo o sus miembros, y aunque algunos puedan parecer simples, en realidad requieren un complejo procesamiento cerebral de los estímulos y las respuestas que incluyen. Las regiones del cerebro relacionadas con la memoria implícita pueden variar mucho según los estímulos implicados y el tipo de tarea que se aprende.

Un modo frecuente y a veces eficaz de adquirir hábitos es el observacional, que consiste en aprender una destreza o habilidad motora viendo cómo lo hace otra persona. Se ha comprobado que quien aprende observando a otra persona activa las mismas áreas sensomotoras de su cerebro que esa misma persona cuando ejecuta la acción observada. Sabemos además que la capacidad que una persona tiene para interpretar los movimientos de otra depende mucho de sus propias habilidades. Eso significa que, por ejemplo, un jugador de fútbol profesional interpreta y aprecia mucho mejor que un simple aficionado los movimientos que otro jugador hace para marcar un gol. Los hábitos, una vez establecidos, predisponen al sistema motor del individuo hacia los movimientos que incluyen, y eso a veces dificulta la adquisición de nuevos aprendizajes que se basen en movimientos parecidos pero no idénticos. La costumbre, podemos decir, es muy terca y se resiste a cambiar.

Cómo se forman en el cerebro los hábitos motores

Cuando una persona trata de aprender a seguir con un lápiz el contorno del dibujo de una estrella que no ve directamente, sino a través de un espejo, el aprendizaje depende de que se formen asociaciones entre las neuronas de las regiones occipitales de su corteza cerebral que procesan el estímulo visual de la estrella y las de la corteza frontal que programan y ordenan los movimientos de la mano. El *feedback* visual funciona como error de predicción y se encarga de ir ajustando continuamente esos movimientos para hacerlos cada vez más correctos y, por tanto, con la práctica se cometen cada vez menos errores y la conducta se perfecciona y automatiza. La mayoría de las veces lo que empieza siendo una conducta voluntariamente guiada y controlada por procesos cerebrales superiores de integración de información se acaba convirtiendo en un hábito, controlado entonces por funciones cerebrales automáticas de nivel inferior. Cuando, en el caso de la estrella, el hábito se establece, ni siquiera hay que pensar en lo que se está haciendo para seguir con el trazo del lápiz su contorno sin cometer apenas errores. Algo parecido ocurre cuando adquirimos cualquier otro hábito de similar naturaleza.

Los objetos y eventos, como la visión de la estrella en el ejemplo anterior, la visión del peine en el tocador, o el sentarse al volante del coche, que desencadenan respuestas habituales automáticas, son procesados en la corteza cerebral, particularmente en la *neocorteza*, que ocupa la mayor parte del cerebro y es, como ya dijimos, el lugar donde se analiza y procesa la información procedente de los órganos de los sentidos, es decir, la información procedente de la piel, los ojos, los oídos, etc. En la parte posterior de la neocorteza, integrada por los lóbulos occipital, parietal y temporal, se encuentran las *áreas sensoriales primarias*, que son las encargadas del procesamiento inicial de los estímulos procedentes de los órganos de los sentidos, como la piel, el ojo o el oído. La información procesada en esas áreas se proyecta a regiones adyacentes de la neocorteza llamadas *áreas de asociación*, donde se analizan, por un lado, los objetos o eventos percibidos (corteza temporal) y, por otro, la ubicación o el contexto en que esos objetos o eventos ocurren (corteza parietal). Es decir, en las áreas asociativas se separa el procesamiento de los objetos del de su ubicación o contexto. Por ejemplo, en el caso de la visión el área de asociación de la corteza temporal nos permite saber qué es lo que vemos, un peine, por ejemplo, mientras que el área de asociación de la corteza parietal nos permite saber dónde lo vemos, el lugar del tocador o el del campo visual donde se encuentra.

Pero la neocorteza, además de contener las áreas cerebrales que procesan la información sensorial, contiene también, en el lóbulo frontal, los circuitos neuronales que programan y ordenan las secuencias de los movimientos voluntarios y automáticos implicados en el aprendizaje y la adquisición de los hábitos motores. En el laboratorio se ha comprobado que cuando una rata aprende a alcanzar un objeto con una de sus patas en no más de una hora se forman nuevas espinas dendríticas en las neuronas de su corteza cerebral que controlan los movimientos de esa pata. Pero para que se adquieran las memorias implícitas que sustentan los hábitos es necesario que se establezcan asociaciones entre los estímulos percibidos y determinadas respuestas o comportamientos, es decir, el aprendizaje de hábitos es posible porque el cerebro, mediante mecanismos moleculares de plasticidad sináptica como los ya explicados, asocia determinados estímulos, como la visión del peine, con determinadas respuestas motoras, como peinarse. Esas asociaciones pueden tener lugar en sinapsis de los circuitos neuronales de la propia corteza cerebral motora, como ha demostrado recientemente un equipo de investigadores españoles y alemanes, encabezados por José María Delgado-García, de la Universidad Pablo de Olavide de Sevilla.

Pero en las complejas y múltiples asociaciones que hacen posible la formación de la mayoría de los hábitos motores, además de la corteza cerebral interviene un conjunto importante y voluminoso de núcleos neuronales situados bajo la corteza y en el interior del cerebro llamados *ganglios basales* (figura 2). Uno de ellos, el *núcleo pálido* ejerce una inhibición tónica o permanente sobre otros núcleos del cerebro y del tronco del encéfalo que controlan movimientos, frenándolos continuamente. Pero esa inhibición o freno de los movimientos puede ser anulada por neuronas de la corteza cerebral a través de los *núcleos estriados* (*caudado y putamen,* conjuntamente llamados estriado dorsal, figura 2), que son el componente de los ganglios basales por donde les llega la información. Podemos decir entonces que en los ganglios basales hay a la vez un circuito neuronal inhibidor que mantiene permanentemente frenados los movimientos y un circuito neuronal acelerador que, por orden de la corteza cerebral, puede desactivar ese freno cuando sea necesario para que se produzcan los movimientos. Ambos circuitos intervienen a la hora de movernos y formar o ejercer hábitos.

El aprendizaje de hábitos y su relación con los ganglios basales ha sido muy estudiado en diversos experimentos con ratas. En uno de ellos, que tomamos como ejemplo básico, las ratas son entrenadas para nadar en una piscina circular, el llamado *laberinto acuático de Morris,* hasta alcanzar una pequeña plataforma circular visible y situada siempre en el mismo lugar de esa piscina. Cuando la alcanzan se sitúan sobre ella y evitan así tener que seguir nadando. Con repetidos intentos las ratas aprenden dónde está la plataforma en la piscina y tardan cada vez menos en localizarla y subirse a ella. Pero ¿qué ocurre cuando, una vez que han aprendido, se cambia la plataforma de lugar? Los resultados muestran que, como la plataforma está siempre visible, las ratas siguen dirigiéndose a ella esté donde esté. Eso indica que lo que han aprendido es simplemente un hábito motor consistente en nadar hacia el lugar donde ven la plataforma, es decir, la ven y automáticamente se dirigen hacia ella. Según lo anteriormente explicado, lo que ha ocurrido es que la neocorteza visual de la rata percibe la plataforma y en los sucesivos ensayos envía esa información a los ganglios basales que progresivamente establecerán la asociación con los circuitos neuronales de la corteza motora y del tronco del encéfalo encargados de generar la secuencia de movimientos de natación dirigidos hacia la plataforma. Con los sucesivos ensayos de entrenamiento esa respuesta acaba por producirse de manera automática, rápida y precisa, convirtiéndose, por tanto, en un hábito de comportamiento motor.

Siendo así, una lesión en los ganglios basales de la rata antes del entrenamiento podría impedir la adquisición del hábito. Y eso es exactamente lo que ocurre, pues las ratas con esas lesiones, cuando tras varias sesiones de entrenamiento la plataforma se cambia de lugar, siguen dirigiéndose al lugar original de la misma, como si en lugar del hábito motor anterior lo que hubiesen adquirido es información sobre el lugar donde está la plataforma y utilizan esa información para dirigirse hacia ella aunque no la vean allí. Debido a la lesión, esas ratas no adquieren el hábito y estarían, por tanto, en una situación parecida a la de una persona que conoce la dirección donde vive un amigo, pero todavía no ha adquirido el hábito de visitarlo y tiene que pensar continuamente hacia dónde va para asegurarse de que se dirige al lugar correcto. Pero cuando por la práctica se adquiere el hábito de hacerlo, puede dirigirse al lugar incluso mientras hace un crucigrama por el camino. Las lesiones o daño en los ganglios basales, particularmente en los núcleos estriados, no impiden los movimientos que los animales han de ejecutar para aprender, pero sí impiden que aprendan, es decir, que ejecuten esos movimientos controladamente para alcanzar un objetivo, como conseguir una recompensa o evitar un castigo.

Además, la corteza cerebral y los ganglios basales no trabajan solos para organizar movimientos y hacer posible el aprendizaje motor, pues cuentan con un aliado fundamental, el *cerebelo* (figura 2), que les ayuda a garantizar la alta precisión y eficacia en muchas de las habilidades motoras que tenemos los humanos y otras especies animales. El cerebelo es una estructura del sistema nervioso, con forma de un pequeño cerebro y dos hemisferios, situada en la parte posterior del tronco del encéfalo. De modo similar al propio cerebro, tiene una corteza o superficie externa muy plegada que envuelve a una serie de núcleos neuronales interiores. Ahora sabemos que muchas memorias motoras pueden incluir cambios en las sinapsis plásticas de las llamadas *células de Purkinje*, que abundan en toda la corteza del cerebelo y, a través de los núcleos interiores, reciben información de los núcleos motores del tronco del encéfalo y también de la corteza cerebral. Muchas de esas sinapsis son susceptibles de DLP, es decir, de depresión sináptica a largo plazo, lo que significa que su estimulación las deprime por un largo período de tiempo, algo que puede relacionarse con la inhibición de los movimientos contrarios o antagónicos a los que intervienen en un proceso o aprendizaje motor. Es decir, cuando aprendemos o realizamos una acción, el cerebelo facilita el aprendizaje o la realización de esa acción impidiendo que ocurran los movimientos contrarios y antagónicos a los requeridos.

Más aún, diversos tipos de sinapsis en la corteza y en los núcleos del interior del cerebelo actúan de modo sinérgico para formar o contribuir a la formación y el mantenimiento de memorias motoras y a la coordinación de los movimientos implicados en las acciones complejas. Hay abundantes pruebas de que el papel del cerebelo es también muy importante para corregir sobre la marcha los movimientos erróneos al aprender y hacerlos cada vez más calibrados y perfectos. Las conexiones que existen entre el cerebelo y las áreas perceptivas de corteza cerebral hacen posible ese ajuste continuo que debe estar bien coordinado con la percepción continua del error de predicción.

Cómo progresa el aprendizaje de hábitos

El aprendizaje de hábitos progresa especialmente cuando los movimientos realizados son reforzados por sus consecuencias y consiguen el efecto deseado. En ese caso se originan errores de predicción y las neuronas del mesencéfalo liberan el neurotransmisor dopamina en los ganglios basales y en la corteza motora para regular su plasticidad y la formación de las asociaciones entre neuronas que requiere el aprendizaje. De ese modo el animal aprende a predecir las consecuencias de los movimientos que realiza y a corregirlos si no consiguen el efecto pretendido. La dopamina *per se* no es el reforzador mismo, sino, como ya vimos, una sustancia cuya liberación en los ganglios basales y otras partes del cerebro, al señalar error en las predicciones que hacemos, nos ayuda a cambiar la conducta para perfeccionarla y no volver a equivocarnos. Algunos investigadores ven por ello en los ganglios basales un consejero fiable a la hora de decidir el movimiento más conveniente cuando realizamos una determinada tarea. Así, cuando la corteza cerebral motora ordena un movimiento que resulta ser correcto para un fin pretendido (por ejemplo, para encajar varias piezas) se libera dopamina en las neuronas del núcleo estriado, lo cual refuerza las conexiones sinápticas entre las neuronas de la corteza cerebral que han ordenado ese movimiento y las del estriado que lo hacen posible. Ese refuerzo hace que esas mismas neuronas del estriado, y no otras, tengan más probabilidad de responder en el futuro cuando la corteza cerebral vuelva a ordenar ese mismo movimiento. El hábito, en definitiva, va cobrando fuerza con la práctica y el aprendizaje.

La implicación de la dopamina en el proceso de aprendizaje resulta patente especialmente en ciertas enfermedades. Las personas que padecen corea de Huntington (el popular baile de San Vito) o la enfermedad de Parkinson, que implican un mal funcionamiento de los ganglios basales, no sólo tienen problemas motores, sino también importantes dificultades para adquirir hábitos de comportamiento motor y no motor, como veremos más adelante. En el caso de los enfermos de Parkinson la causa de ello es que las neuronas de la *sustancia negra* del mesencéfalo (figura 2) dejan de producir la dopamina que regula la plasticidad sináptica y las asociaciones que tienen lugar en los ganglios basales. Tal papel de la dopamina hace sospechar que los ganglios basales participan no sólo en las formas de aprendizaje y memoria implícita que estamos considerando, sino también en las formas de memoria explícita que consideraremos más adelante. Algunos estudios con *resonancia magnética funcional* en humanos indican que los ganglios basales sólo se activan cuando el aprendizaje en curso es guiado por sus consecuencias, pero no cuando se trata de un aprendizaje puramente observacional. Comparando a jugadores profesionales con amateurs en *shogui*, el ajedrez japonés, se ha observado que los profesionales, además de ser más rápidos en la ejecución de los movimientos correctos, tienen una mayor activación en las neuronas del núcleo caudado, activación que no se observaba en la corteza cerebral y que podría estar asociada a un papel de esa parte de los ganglios basales en tareas de computación mental. Los ganglios basales, por tanto, podrían estar implicados en todo tipo de aprendizaje que dependa de sus consecuencias y no únicamente en el que genera memorias implícitas. Siendo tan amplio su concurso, no es extraño que ocupen un gran volumen en el cerebro de los mamíferos.

Memorias que mejoran sin practicar

A veces nos ocurre que lo que hemos aprendido en un determinado tiempo lo recordamos mejor al cabo de unas horas o al día siguiente, sin que haya habido nueva práctica por medio. Eso es lo que llamamos *ganancia retardada del aprendizaje (ganancia offline)*, y ocurre sobre todo cuando se aprenden hábitos perceptivos y motores. Un buen ejemplo es el del individuo que aprende a tocar con un dedo la secuencia de 5 dígitos que van apareciendo en una pantalla, tan rápidamente como pueda y sin equivocarse. Al individuo no se le informa de la secuencia, simplemente se le dice que vaya tecleando los dígitos que se van iluminando en la pantalla. El tiempo de que dispone para aprender es limitado y entre los sucesivos intentos se hace un breve descanso. Se contabilizan los errores y el número medio de secuencias correctas que logra. Pues bien, ésta es una de las tareas que se caracterizan por producir un aprendizaje rápido y una ganancia retardada, lo que significa que si después de una sesión de entrenamiento transcurren unas cuantas horas, la memoria adquirida no sólo se estabiliza, sino que además mejora, pues al cabo de ese tiempo el individuo ejecuta la tarea más rápidamente y con menos errores que cuando acabó el entrenamiento. La estabilización de la memoria la hace más resistente a posibles interferencias de nuevas secuencias de dígitos que el individuo tuviera que aprender posteriormente. Otro tipo de aprendizaje que mejora considerablemente tras un tiempo sin practicar es la discriminación con los dedos de las texturas de diferentes objetos. Como tendremos ocasión de explicar más adelante, la ganancia retardada puede ser todavía mayor en algunos tipos de aprendizaje si, en el tiempo trascurrido desde el entrenamiento hasta la prueba de memoria, el individuo tiene ocasión de dormir aunque sólo sea una siesta.

Ahora sabemos también que la magnitud de la ganancia retardada del aprendizaje depende de los sentidos implicados y del programa de entrenamiento que se siga en cada tipo de tarea. Siempre que se obtiene, la ganancia retardada es posible porque en las neuronas implicadas en el aprendizaje se producen cambios moleculares y estructurales que sirven para ajustar sus respuestas y producir la conducta más conveniente en cada caso. Prueba de ello es que las imágenes de resonancia magnética funcional muestran cómo aumenta la actividad de las neuronas de la corteza cerebral que controlan los movimientos de la mano implicada en el aprendizaje a medida que la tarea se perfecciona o cuando muestra ganancia retardada. Y la confirmación de que esa actividad es la clave nos llega de experimentos que muestran que si después del aprendizaje de la tarea se impide el funcionamiento normal de la corteza motora de la persona mediante *estimulación magnética transcraneal*, la ganancia retardada no se produce.

Podemos concluir diciendo que la plasticidad de las neuronas de la corteza cerebral implicadas en el aprendizaje de hábitos perceptivos y motores resulta esencial para que pueda tener lugar la ganancia retardada sin que haya nueva práctica tras el entrenamiento. Basta entonces con que el período de consolidación de la memoria siga su curso natural. Pero eso no es todo, porque también se ha observado que, gracias a esa plasticidad, los aprendizajes perceptivos y motores pueden generalizarse en el cerebro. Eso significa que un aprendizaje como, por ejemplo, discriminar diferentes formas visuales, puede favorecer la adquisición de otro similar o más complejo, como la identificación de la orientación de esos mismos u otros estímulos visuales.

Muchos miedos son aprendidos

Para conocer cómo se forman en el cerebro las memorias implícitas, el investigador norteamericano Joseph LeDoux y su equipo han estudiado intensivamente durante años el condicionamiento del miedo en la rata, una forma de aprendizaje que consiste en hacer sonar un tono inmediatamente antes de que el animal reciba una pequeña descarga eléctrica en sus patas a través de las barras que forman el suelo de su jaula. Si esa secuencia tono-descarga se repite varias veces, la rata acaba asociando el tono a la descarga y en cuanto lo oye se queda inmóvil, congelada, es decir, aprende que el tono indica la inminente llegada de la descarga eléctrica a sus patas y entonces siente miedo, una forma de memoria emocional.

De ese modo, el tono, que es inicialmente un estímulo neutro, se convierte en un *estímulo condicionado*, capaz por tanto de inducir miedo en la rata incluso cuando no va acompañado de la descarga eléctrica. Ésta, por su parte, es un *estímulo incondicionado*, es decir, un estímulo capaz de producir miedo por sí mismo sin necesidad de asociarse a ningún otro. El miedo condicionado es un ejemplo de *condicionamiento clásico*, una forma de aprendizaje que genera un tipo de memoria que tiene todas las características de las memorias implícitas anteriormente descritas. Aunque se trate de un procedimiento experimental y, por tanto, artificial, es decir, de laboratorio, el condicionamiento del miedo puede tener lugar también en la vida real del animal, donde, como afirma LeDoux, una rata que ha sido herida por un gato pero consigue escapar, puede formar una memoria que asocia el peligro (estímulo incondicionado) al susurro de aproximación del gato (estímulo condicionado). Pero la cuestión que aquí y ahora nos ocupa es qué pasa en el cerebro de la rata cuando aprende, es decir, cuando asocia el sonido del tono a la inminente llegada de la descarga eléctrica en sus patas, y cómo se produce su inmovilidad, es decir, la respuesta condicionada de miedo.

Los experimentos de laboratorio con ratas normales y transgénicas han demostrado que los cambios principales que origina el aprendizaje del miedo tienen lugar en la *amígdala*, una estructura del lóbulo temporal del cerebro de los mamíferos (figura 2) muy relacionada con el comportamiento emocional en general. Ello es posible porque en la parte lateral de esa estructura convergen las neuronas que llevan la información sonora del tono y las que llevan la información de la descarga eléctrica. Es decir, en las neuronas de la amígdala lateral converge la información de los estímulos condicionado e incondicionado. Cuando esa convergencia ocurre repetidamente, las sinapsis de esas neuronas son potenciadas e incrementan por ello su capacidad para activar directa o indirectamente a las de otra parte de la amígdala, la amígdala central, cuyas neuronas a su vez son las que, actuando sobre otras partes del cerebro y del tronco del encéfalo, generan la respuesta de miedo. Ésta incluye la inmovilidad del animal y otros cambios menos observables pero importantes, entre ellas el aumento de la frecuencia cardíaca y la liberación en la sangre desde sus glándulas suprarrenales de hormonas como la adrenalina y la corticosterona. Es muy probable que ese conjunto de respuestas conductuales y fisiológicas actúen simultáneamente sobre la corteza cerebral del animal, generándole o potenciando un sentimiento concomitante de miedo parecido al que experimentamos los humanos en situaciones similares.

Pero ¿cómo se produce la potenciación de las sinapsis de las neuronas de la amígdala lateral que originan la respuesta de miedo? Ahora sabemos que esas sinapsis son plásticas, es decir, modificables, y que el aprendizaje del miedo que hemos descrito produce en ellas cambios moleculares iguales o muy parecidos a los que ya explicamos para el hipocampo, incluyendo la activación de moléculas receptoras como el NMDA en las neuronas post-sinápticas, que a su vez inducen la formación de nuevas espinas dendríticas y la expresión de los genes que originan la síntesis de las proteínas necesarias para estabilizarlas. Es por eso que si infundimos anisomicina, un antibiótico que inhibe la síntesis de proteínas, en el interior de la amígdala lateral de las ratas antes o después del aprendizaje, los animales no consolidan lo que aprenden y se olvidan enseguida de ello. Los resultados de todos estos y otros muchos experimentos de similar naturaleza nos permiten considerar que el aprendizaje del miedo en la rata se registra y almacena gracias a los mecanismos y cambios moleculares que ocurren en las neuronas de la amígdala lateral. Pero eso no excluye que otras estructuras, como la corteza cerebral, puedan tener también algún papel importante en el mismo.

Otra importante cuestión es si la memoria permanece en la amígdala lateral todo el tiempo, es decir, si ése es el lugar de almacenamiento permanente de la memoria para el condicionamiento del miedo. Y todo indica que sí, que eso podría ocurrir ya que se ha observado que si se daña o lesiona la amígdala lateral 16 meses después del aprendizaje, la rata ya no reacciona con inmovilidad, es decir, ya no reacciona con miedo ante el sonido del tono, lo que no debería ocurrir si los cambios originados por el aprendizaje se hubieran transferido en ese tiempo a la corteza cerebral u otro lugar del cerebro. Y como 16 meses es un tiempo que abarca buena parte de la vida de la rata, podemos considerar que la amígdala podría ser el lugar de almacenamiento permanente del condicionamiento del miedo en ese animal. No obstante, hay experimentos cuyos resultados indican que otros tipos de miedo condicionado podrían almacenarse en lugares del cerebro diferentes a la amígdala. Cuando, por ejemplo, la rata aprende a asociar la descarga eléctrica no a un tono, sino a un determinado lugar, como la jaula en la que lo recibe, en ese otro aprendizaje, llamado *miedo contextual* o miedo al contexto, además de la amígdala interviene el hipocampo, una estructura del cerebro importante para el aprendizaje del espacio, es decir, para el aprendizaje del lugar donde ocurren los hechos. Otros investigadores han demostrado también que las ratas con lesiones en la amígdala basolateral pueden aprender a tener niveles normales de miedo, pero parece ser un miedo que pierde su capacidad adaptativa ya que se adquiere muy lentamente y no se recuerda cuando ha pasado bastante tiempo.

En los humanos como en la rata, el aprendizaje del miedo también parece implicar a la amígdala. Así, las neuroimágenes de resonancia magnética funcional han mostrado que esa estructura se activa en las personas cuando se les presentan estímulos condicionados, como fotos, sonidos u otros estímulos asociados a sentimientos de miedo. También se ha observado que cuando a una persona se le presenta la foto de una cara amenazante durante un tiempo tan breve que no tiene tiempo de percibirla conscientemente, su amígdala sí que se activa y le genera una respuesta de miedo o ansiedad. Eso es lo que ocurre a veces en la vida cotidiana cuando estímulos fugaces que no llegamos a percibir conscientemente originan en nosotros respuestas de nerviosismo o ansiedad cuya causa no acertamos a conocer. Esa influencia de lo que llamamos *percepción subliminal* es la responsable de que estímulos visuales presentados muy brevemente en una pantalla, u olores en baja concentración que no llegamos a captar conscientemente, sean capaces de influir en nuestro comportamiento. Ciertamente, la propaganda subliminal puede sacar partido de esa capacidad del cerebro y la mente humana para condicionar el tiempo que permanecemos en un determinado lugar y, con ello, las compras que hacemos.

La amígdala, no obstante, no parece la única puerta del miedo en el cerebro y la mente humana, pues un equipo de investigadores de la universidad norteamericana de Iowa ha sido capaz de inducir ataques de pánico incluso en pacientes con la enfermedad de Urbach-Wiethe, que daña casi completamente ambas amígdalas. Tres mujeres con esta enfermedad tuvieron ataques de pánico que se manifestaron en asfixia y sensación de muerte inminente cuando voluntariamente y como parte del experimento inhalaron una mezcla de gases que contenía un 35 % de CO_2 (dióxido de carbono). Este procedimiento se utiliza en el laboratorio para inducir ataques de pánico breves, de menos de un minuto de duración. Pareció increíble que esto pudiera ocurrir sin amígdalas funcionales en esas personas, pues al menos una de ellas había afirmado que, desde que se inició su enfermedad en la adolescencia, nunca más había vuelto a sentir miedo. Es posible entonces que, cuando la supervivencia está amenazada, el cerebro pueda utilizar otras estructuras diferentes a la amígdala para producir respuestas equiparables al miedo.

Por otro lado, investigadores israelíes han descubierto que un área del cerebro diferente a la amígdala, la *corteza cingulada anterior* (figura 2), se activa selectivamente cuando el miedo se afronta con valentía. Eso al menos es lo que ocurrió cuando los sujetos del experimento veían que una serpiente viva se deslizaba en dirección a sus cabezas. Sería aventurado y poco científico hablar por ello de un centro del valor en el cerebro, pero no lo es sugerir que esa parte del cerebro, la corteza cingulada, podría activarse especialmente en situaciones de emergencias que incluyen no sólo el afrontamiento del miedo sino también, como está demostrado, cuando lo que sentimos no coincide con lo que pensamos, es decir, los desequilibrios entre emoción y razón que caracterizan a la mayoría, si no a todas, las situaciones en que estamos estresados.

4

Aprender lo explicable: la memoria explícita

Qué es la memoria explícita

El modo de aprendizaje que consiste en analizar, relacionar y comparar información sobre gentes, lugares, circunstancias y cosas diversas utilizando todos los sentidos da lugar a la *memoria explícita,* la que hace posible los recuerdos deliberados y conscientes que tenemos sobre nuestro conocimiento del mundo y nuestras experiencias personales. La memoria explícita incluye a la *memoria semántica,* la que tenemos sobre hechos y conocimiento general del mundo, conocida también como *consciencia noética.* Gracias a ella sabemos cosas como quién es Barack Obama, que Lisboa es la capital de Portugal, que la penicilina es un medicamento para curar infecciones o que la Primera Guerra Mundial fue un conflicto europeo que se inició en 1914. La memoria explícita incluye también a la *memoria episódica,* considerada autobiográfica pues hace posible los recuerdos de las cosas que hemos vivido o nos han pasado en determinados lugares y momentos de nuestra vida, como el partido de fútbol al que asistimos, las anécdotas del día de nuestra boda o lo que hicimos cuando nos robaron la cartera con las tarjetas de crédito y los documentos personales. La memoria episódica es como el viaje mental de uno mismo en el tiempo y el espacio, un registro de historia personal que se actualiza continuamente con nuevas vivencias e informaciones que se instalan en el contexto de nuestras experiencias previas. En psicología, ese sentido de que el recuerdo se refiere a una experiencia personal ha sido denominado *consciencia autonoética.*

La memoria explícita, sea semántica o episódica, es una *memoria declarativa,* pues los recuerdos que hace posibles podemos expresarlos verbalmente o por escrito. Aunque también puede requerir mucho aprendizaje, es una memoria con más capacidad que la implícita para formarse rápidamente, incluso con una única experiencia, sobre todo cuando su contenido es de carácter fuertemente emocional. Así, aunque sólo haya ocurrido una vez, recordamos muy bien cómo tuvo lugar el accidente de coche en que nos vimos implicados, la primera vez que montamos en avión, y dónde y cómo nos enteramos del ataque terrorista a las torres gemelas de Nueva York. La memoria explícita es además una memoria flexible y cambiante, lo que significa que puede expresarse en situaciones y modos diferentes a los del aprendizaje original, es decir, que no siempre evocamos una memoria explícita del mismo modo pues, como veremos más adelante, tendemos a modificarla en función de nuestras nuevas motivaciones y conocimientos. Es, además, una memoria creativa y promiscua, capaz de inventar detalles y mezclar cosas diferentes. Permite también generalizaciones de lo específicamente aprendido a otros ámbitos o situaciones diferentes de la circunstancia original.

Los casos HM y EP

Muchos individuos que pierden la capacidad de formar memorias explícitas tienen lesiones o alteraciones funcionales en el lóbulo temporal medial del cerebro, particularmente en el hipocampo. La importancia de esa parte del cerebro humano para la memoria se puso especialmente de manifiesto con el caso de HM (Henry Molaison), un individuo que había sufrido ataques epilépticos desde los 16 años. Cuando tenía 27, ni siquiera las dosis masivas de fármacos anticonvulsivantes aliviaban su enfermedad, por lo que fue intervenido quirúrgicamente para tratar de reducir sus síntomas, especialmente la intensidad de las convulsiones. El cirujano extirpó buena parte del hipocampo en sus dos hemisferios cerebrales pues era allí, como puso de manifiesto el electroencefalograma, donde se ubicaban las neuronas enfermas que iniciaban los ataques (figura 5). La operación fue exitosa y HM pudo a partir de entonces controlar sus crisis epilépticas con ayuda de medicación.

Pero, sorprendentemente, la operación le ocasionó también un fuerte impedimento para formar nuevas memorias, es decir, para retener nueva información, un trastorno clínico denominado *amnesia anterógrada.* El paciente olvidaba sus experiencias casi al mismo tiempo que ocurrían. Podía leer cada día o cada hora el mismo periódico creyéndolo diferente. Mostraba también *amnesia retrógrada,* una incapacidad para recordar algunos acontecimientos de épocas pasadas previas a la intervención quirúrgica, pero recordaba bastante bien acontecimientos de su infancia, como vacaciones con sus padres o características de sus familiares. Su trastorno afectaba específicamente a la memoria explícita, tanto a la episódica como a la semántica. Conservaba, no obstante, la memoria a corto plazo, lo que le permitía mantener una conversación en base al pensamiento actual. A pesar de todo, y aunque resulte extraño, conservaba su inteligencia general y sus capacidades lingüísticas, perceptivas y motoras. Conservaba asimismo una buena capacidad para adquirir hábitos, es decir, memorias implícitas. De hecho, cuando se le trataba por primera vez se observaba muy poca alteración en su conducta ordinaria. Su déficit se mantuvo hasta el día de su muerte, ocurrida hace algunos años.

Hoy sabemos que el tipo de amnesias de HM es característico de todos los enfermos con daño o alteraciones en el lóbulo temporal medial del cerebro. Los enfermos de Alzheimer, uno de cuyos síntomas más graves es la pérdida progresiva de memoria, tienen también afectadas regiones cerebrales que comunican entre sí el hipocampo y el resto del cerebro. En general, los enfermos amnésicos recuerdan acontecimientos recientes pero no pueden formar memorias a largo plazo. Se acuerdan, por ejemplo, de lo que acaban de hablar con otra persona, pero no de lo que hablaron hace un rato o el día anterior. Son personas sin capacidad para transferir información desde la memoria a corto plazo a la memoria a largo plazo, un déficit que, por tanto, afecta a la formación o consolidación de la memoria.

Recientemente, un caso todavía más grave de patología de la memoria acaba de irrumpir en la neurociencia. Se trata de EP, un individuo que tras sufrir una encefalitis viral a los 70 años padece uno de los impedimentos de memoria tanto retrógrada como anterógrada más graves que se conocen. Es una persona que no recuerda nada de lo que le ha ocurrido en los últimos 40 años y sólo tiene ligerísimos recuerdos de su infancia. Ha perdido incluso muchos de los contenidos semánticos de las palabras y es incapaz de aprender nada nuevo. Su déficit, por tanto, supera al de pacientes célebres anteriores, como HM, y está siendo investigado, lo que ofrece la posibilidad de que descubramos nuevos secretos de la memoria humana. Por último, un nuevo descubrimiento también reciente y hasta ahora insospechado muestra que otro de los aspectos cognitivos que se afectan en los pacientes amnésicos que tienen dañado su hipocampo es la empatía, la capacidad de situarse mentalmente en la situación de otra persona y reproducir en el propio cuerpo sus reacciones y sentimientos.

El lóbulo temporal medial del cerebro y la memoria explícita

La formación de memorias explícitas comienza en las múltiples áreas primarias y de asociación de la corteza cerebral que, como ya tuvimos ocasión de explicar, procesan los estímulos provenientes de los órganos de los sentidos. En la corteza de asociación temporal se representan objetos o eventos específicos, es decir, gracias a esa corteza sabemos qué son esos objetos o eventos, mientras que en la corteza de asociación parietal se representa el contexto o entorno en que ocurren. Es decir, diferentes áreas de la corteza cerebral procesan separadamente el qué es y el dónde se halla el objeto percibido. Desde las áreas de asociación, la información resultante se proyecta al *lóbulo temporal medial del cerebro* (figura 2), cuyas diferentes partes o regiones continúan procesando separadamente los objetos y su contexto. En concreto, la *corteza perirrinal* y la *corteza entorrinal* lateral de ese lóbulo reciben la información sobre los objetos o eventos, y la *corteza parahipocampal* y la corteza entorrinal medial reciben la información sobre el contexto en que esos objetos o eventos ocurren. Ambas informaciones convergen finalmente en el *hipocampo* (figura 2), que se convierte de ese modo en una estructura capaz de formar memorias que ligan los objetos o eventos al contexto en el que tienen lugar. El hipocampo, a su vez, tiene conexiones neuronales retroactivas hacia esas mismas áreas que le envían la información, lo cual es importante, como veremos más adelante, para hacer posible los recuerdos.

La ruta que acabamos de describir implica una secuencia jerárquica en la que la información en curso de procesamiento va haciéndose cada vez más concreta y va adquiriendo contenido semántico, es decir, significado. De ese modo, a medida que progresamos en la jerarquía, las neuronas de las diferentes cortezas se activan cada vez más selectivamente en relación con las características del objeto o estímulo que se procesa. Al principio de la jerarquía, las neuronas de la corteza visual primaria pueden activarse cuando vemos alguno de muchos objetos diferentes si todos ellos presentan determinadas características comunes muy elementales, como bordes o sombras, que es a lo que responden las neuronas de esa corteza. Pero al final de la jerarquía, las neuronas del hipocampo sólo se activan para el objeto concreto que haya sido presentado a la vista y procesado, y ya no para ningún otro que se le parezca. Es decir, las neuronas del hipocampo pueden discriminar representaciones muy parecidas y gracias a ello no confundimos, por ejemplo, la representación de una cebra con la de un caballo.

Mediante microelectrodos implantados por razones clínicas en el cerebro de pacientes con epilepsia se ha podido conocer la alta precisión que llegan a tener las neuronas del lóbulo temporal medial del cerebro cuando representan diversas informaciones o cosas del mundo. En el hipocampo se han hallado neuronas que se activan de manera muy selectiva cuando el paciente ve la foto de una determinada persona, como la de la actriz Jennifer Aniston. Y lo hacen además con un alto grado de invariancia, lo que significa que no importa si la foto es grande o pequeña, si el personaje está en ella de frente o de lado, sentado o de pie, pues esas neuronas, por así decirlo, llegan a reconocer con sus respuestas hasta 7 fotos diferentes de la misma actriz y, sin embargo, no responden a las fotos de otros 80 personajes o lugares, como la de la también actriz Julia Roberts o la de la Torre Eiffel de París, conocidos o no por el sujeto al que se le practican los registros electrofisiológicos en su cerebro. En otro paciente, esta vez un aficionado al fútbol, se pudo registrar la actividad de una neurona, también en el hipocampo, que respondía específicamente a fotos del jugador Diego Armando Maradona en diferentes posturas y entornos.

El descubrimiento de esas neuronas resultó un hecho sorprendente, y aunque los neurocientíficos inicialmente las llamaron *neuronas Jennifer Aniston*, no tardaron en rectificar para llamarlas simplemente *células conceptuales*, pues ahora sabemos que no sólo responden a caras y objetos determinados sino también a asociaciones de palabras y a ciertas categorías de estímulos, como, por ejemplo, a caras o a animales en general. Y no sólo se activan cuando la persona las ve, pues también pueden hacerlo cuando las recuerda o las imagina. Algunos investigadores consideran a las células conceptuales del lóbulo temporal medial del cerebro como los ladrillos de construcción de las memorias explícitas. Aquí es preciso reparar en que, aunque determinas neuronas del cerebro puedan activarse específicamente cuando se le presentan al sujeto estímulos concretos, eso no significa que la información sobre esos estímulos esté almacenada únicamente en esas neuronas, sino que en ellas converge la información sobre los mismos almacenada en redes neuronales distribuidas en diferentes regiones de la corteza y otros lugares cerebrales.

En coherencia con el papel del lóbulo temporal medial en la formación de memorias semánticas, los pacientes con daño en la corteza perirrinal tienen problemas para reconocer estímulos, como ciertos objetos, palabras y caras, y también especial dificultad para reconocer o discriminar cosas parecidas, como una cebra y un caballo, e incluso pueden perder la capacidad de recordar los sonidos asociados a algunos objetos y no saber, por ejemplo, que determinado sonido es el del agua que sale de un grifo. La corteza parahipocampal, por su parte, parece más relacionada con la memoria para el contexto, la situación o el lugar en que ocurre un estímulo o suceso. En esa corteza, por tanto, puede estar implicada la posibilidad de reconocer cosas, como la cara de una persona, sólo si las asociamos a un determinado lugar o situación. Fuera de ese lugar, nos resulta difícil identificarla.

Las neuroimágenes funcionales han mostrado que la corteza parahipocampal se activa cuando los sujetos están viendo imágenes de objetos que les sirven de referencia para conducirse en el espacio, o cuando ven objetos que configuran ese espacio o están muy asociados a él. Si faltan esas asociaciones, la corteza parahipocampal no se activa y es entonces cuando no somos capaces de recordar quién es una determinada persona a la que vemos en un lugar completamente diferente al que la tenemos asociada. El daño en la *corteza retrosplenial*, próxima a la parahipocampal, hace también que las personas pierdan capacidad para moverse en el espacio, un trastorno conocido como *amnesia topográfica*. Dado su papel en la representación del espacio en humanos, ambas cortezas, la parahipocampal y la retrosplenial, contribuyen especialmente a la formación y configuración de la memoria episódica.

El hipocampo, por su parte, incluyendo la circunvolución dentada, tiene, además de lo que ya hemos visto, un papel muy importante en separar representaciones de diferentes memorias, evitando solapamientos o interferencias entre ellas y permitiendo una buena discriminación entre recuerdos parecidos. De ese modo, cuando recordamos, como ya dijimos anteriormente, la intervención del hipocampo nos permite distinguir entre cosas parecidas, por ejemplo, entre dos caras similares. Eso es importante en aprendizajes recientes, es decir, cuando todavía no ha pasado suficiente tiempo como para que la información aprendida se haya consolidado en el sistema de memoria transfiriéndose plenamente a la corteza cerebral. Precisamente, las nuevas neuronas que nacen y proliferan a diario en la circunvolución dentada han sido relacionadas con esa capacidad de los circuitos hipocampales para separar memorias. Los pacientes amnésicos, con lesiones en el lóbulo temporal medial, al no disponer de esos mecanismos sufren continuas interferencias y olvidan lo aprendido. El hipocampo, en definitiva, es un buen separador de patrones de memoria.

Memorias espaciales

El mejor ejemplo del tipo de aprendizaje que forma memorias explícitas es quizá el espacial, el que nos permite movernos con acierto en el espacio circundante y orientarnos para llegar a un determinado lugar. Las neuroimágenes funcionales han mostrado que, cuando una persona recorre mentalmente las calles de una ciudad imaginando que trata de llegar a un lugar concreto de la misma, o cuando trata de aprender a conducirse virtualmente en un laberinto radial que ve en la pantalla de un ordenador, se activa su hipocampo. Complementariamente, en experimentos de laboratorio se ha observado que las ratas con lesiones en el hipocampo tienen muchas dificultades para aprender en cuáles de los 8 brazos de un laberinto radial hay comida y en cuáles no, es decir, cuando el hipocampo no funciona, las ratas tienen problemas para formar memorias espaciales. Lo mismo ocurre en los pacientes amnésicos que tienen dañado su lóbulo temporal medial afectando al hipocampo. Cuando intentan aprender el mencionado laberinto virtual en el ordenador, fallan, igual que las ratas, es decir, les cuesta mucho aprender y formar las memorias que les permitan recordar los brazos del laberinto que tienen premio.

Numerosos datos experimentales y observaciones clínicas como las que acabamos de mencionar indican que el hipocampo de los mamíferos contiene una representación del espacio en el que se desenvuelven habitualmente los individuos. Hace ya tiempo que en el hipocampo de la rata se descubrieron las llamadas *células de lugar*, que son unas neuronas que se activan selectivamente cuando el animal se halla en un determinado lugar de su entorno, como si cada una o un conjunto de esas neuronas hubiesen aprendido a representar ese lugar. Tanto es así que los investigadores pueden trazar un mapa del espacio donde la rata se encuentra que se correlaciona con el lugar anatómico de las neuronas del hipocampo que responden al mismo. Las células de lugar están implicadas en el establecimiento de representaciones cerebrales de objetos o sucesos en el contexto espacial en que ocurren. Se ha comprobado que, con el aprendizaje, algunas de ellas pueden cambiar su representación, dejando de representar un lugar para representar otro diferente. En esos cambios o modulaciones interviene la corteza prefrontal, que interactúa con las células hipocampales para establecer esos mapas y las representaciones neuronales de las trayectorias que siguen las ratas cuando aprenden una tarea espacial.

Recientemente se ha descubierto que las células de lugar del hipocampo pueden asociarse para representar una trayectoria o ruta planeada por las ratas. Concretamente, se ha observado que, antes de que la rata inicie una ruta hacia un objetivo, las células de lugar de su cerebro se activan en una secuencia que predice el camino que va a emprender el animal. Eso significa que, mediante estas células, el hipocampo puede funcionar como un GPS que le indica a la rata no sólo dónde está sino cuál es el camino a seguir para llegar a un determinado lugar. Aunque parezca increíble, la actividad del hipocampo de una rata puede servir a los investigadores para adivinar sus intenciones cuando está a punto de decidir si tomar el camino de la derecha o el de la izquierda para llegar a la comida en un laberinto. Se ha comprobado que, justo antes de tomar esa decisión, las neuronas de su hipocampo se activan en las diferentes secuencias correspondientes a la trayectoria de cada posible camino. Y además se observan más reactivaciones de ese tipo cuando la rata acierta en la elección que cuando se equivoca. Eso indica que la rata, antes de decidir, considera mentalmente las posibles opciones y sólo deja de hacerlo cuando ya tiene mucha práctica y alberga pocas dudas sobre cuál es el camino correcto, es decir, cuando ya ha aprendido bien la tarea. De ello puede concluirse que la reactivación hipocampal de múltiples y relevantes memorias, que pueden ser entonces evaluadas, permite guiar la conducta conveniente en cada caso.

Pero la historia es más compleja, porque en la representación del espacio en el cerebro intervienen también otras células muy especiales descubiertas originalmente en la *corteza entorrinal* de roedores (figura 2), murciélagos y monos. Se trata de las *células de cuadrícula (grid cells)*, que son neuronas que se activan cuando el animal se encuentra en una de las múltiples localizaciones que, consideradas en conjunto, forman una especie de cuadrícula en el entorno. Se diferencian de las células de lugar en que su actividad está relacionada no con una única localización donde la rata se halle, sino con un conjunto de localizaciones regularmente organizadas. Para entender cómo funcionan estas células, imaginemos que hemos instalado un electrodo en una de ellas para registrar su actividad cuando la rata se mueve en un espacio. Si sobre un plano de ese espacio marcamos cada uno de los lugares donde está la rata cada vez que esa misma célula se activa, obtendremos un dibujo de puntos que, vistos en conjunto, forman una cuadrícula.

Lo extraordinariamente llamativo de las células de cuadrícula es que su estructura funcional es muy estable, pues no cambia en el tiempo ni depende del contenido de la imagen que el animal ve. Es decir, su organización funcional no responde a regularidades del entorno ni a información procedente del mismo, sino a una especie de plantilla mental interna que parece radicar en la corteza entorrinal del animal y cuya función persiste incluso en la oscuridad. Llama también la atención que las células de cuadrícula suelen activarse cuando la rata explora una imagen sólo con la vista, lo que nos induce a pensar que podrían servir para representar zonas del espacio en su cerebro incluso cuando está quieta, sin moverse. Es por ello que, para comprender mejor su funcionamiento, podemos imaginar que son neuronas cuyas representaciones cuadriculares sirven para sobreponer en ellas la información del espacio circundante generada por los movimientos que hace la rata en el mismo y así poder configurarlo y aprenderlo mejor. Eso es algo parecido a cuando utilizamos papel cuadriculado para poder encuadrar mejor las proporciones y partes de un dibujo. Es posible, como sugieren algunos investigadores, que el funcionamiento de las células de lugar se base en la información sobre localizaciones espaciales que les proporcionen las células de cuadrícula. Las investigaciones recientemente realizadas en pacientes epilépticos con electrodos implantados en su cerebro por razones clínicas han permitido descubrir células de cuadrícula también en el cerebro humano.

Aprendiendo a movernos en el espacio

Cuando aprendemos a movernos en un entorno espacial, el cerebro y la mente pueden hacerlo basándose al menos en dos estrategias diferentes. Una de ellas consiste en representar una determinada posición en base al contexto. Algo así como formar un mapa mental del espacio circundante que nos permita orientamos y saber dónde está cada cosa que vemos o imaginamos. De ese modo podemos saber, por ejemplo, que la casa que buscamos está frente a la comisaría de policía y al lado de la tienda de móviles. Ésa es la *estrategia alocéntrica* de representación del espacio. La otra estrategia consiste en reproducir de modo automático los mismos movimientos que hicimos en veces anteriores para llegar al lugar pretendido. En ese caso, más que guiarnos por señales externas lo hacemos por señales internas de nuestro propio cuerpo, es decir, por señales propioceptivas. Esta última es la *estrategia egocéntrica*, que es independiente del contexto. El que utilicemos una u otra estrategia depende mucho de si hay o no señales visibles en el ambiente en que nos movemos. Si éste es rico en ellas, es muy probable que predomine el aprendizaje alocéntrico, basado en la orientación con dichas señales. Si, por el contrario, el ambiente es pobre en indicativos o señalización o consiste en lugares oscuros o con poca luz, tenemos más tendencia a utilizar la estrategia egocéntrica y a movernos entonces como lo hemos hecho las veces anteriores. Cuando aprendemos, también es posible cambiar de estrategia sobre la marcha, especialmente si se producen cambios en el entorno.

Algunos investigadores han notado que la memoria semántica, es decir, la memoria consciente y declarativa que se refiere a seres, cosas y hechos del mundo con independencia de su contexto temporal, se asemeja a la navegación alocéntrica, que también es independiente del tiempo. Asimismo, han observado que la memoria episódica, es decir, la que implica el establecimiento de una secuencia espaciotemporal en el cerebro, se asemeja a la navegación egocéntrica, que requiere también el establecimiento de ese mismo tipo de secuencia. Consideran, por tanto, que la memorias semántica y episódica podrían basarse en los mismos mecanismos neuronales que hacen posible, respectivamente, las estrategias de navegación alocéntrica y egocéntrica. Es decir, los mismos mecanismos del cerebro que evolucionaron para establecer relaciones o asociaciones entre señales del espacio podrían servir también para establecer relaciones o asociaciones entre personas, cosas y eventos, y los mecanismos que representan una ruta a través de un entorno podrían ser los mismos que representan secuencias de memoria episódica.

Tal sugerencia resulta fuertemente avalada por el hecho de que tanto la navegación como la memoria explícita son muy dependientes de estructuras del lóbulo temporal medial, como el hipocampo y la corteza entorrinal. La coincidencia en esta última corteza de neuronas que registran posición (células de lugar), distancias (células de cuadrícula) e incluso bordes hacen de ella un lugar especialmente apto para computar la métrica del entorno y, quizá también, como acabamos de explicar, otras relaciones o asociaciones propias de la memoria semántica. Ese paralelismo nos hace también sospechar que los mecanismos neuronales que utilizamos para aprender a orientarnos físicamente en un determinado espacio podrían ser los mismos que utilizamos para hacerlo de manera mental, es decir, imaginativa y conscientemente, sin necesidad de movernos del lugar en que estemos. Ciertamente, ahora sabemos que el hipocampo no sólo interviene en las vivencias reales que tenemos, sino también en la imaginación de esas vivencias. Experimentos con resonancia magnética funcional han mostrado que, cuando una persona imagina escenas visuales del pasado o inventadas, su hipocampo se activa, y lo hace tanto más cuantos más bordes o contrastes espaciales hay en la escena imaginada, cosa que no ocurre cuando esa escena se enriquece o complica con motivos que no sean espaciales.

El hipocampo relacional

Aunque el espacial es un buen ejemplo de aprendizaje y memoria explícita, no es el único. Hay muchas otras formas basadas en relaciones múltiples entre estímulos o eventos de diferente naturaleza capaces de fundamentar y conformar memorias tanto episódicas como semánticas. En el caso, por ejemplo, de pruebas de asociación verbal, las personas estudian pares de palabras arbitrariamente asociadas y después se comprueba su memoria presentando la primera palabra de cada par para ver si el sujeto recuerda entonces la otra a ella asociada. Se ha sugerido que el hipocampo tiene un papel importante para establecer ese tipo de aprendizaje y, para comprobarlo, Howard Eichenbaum y sus colaboradores de la Universidad de Boston idearon un aprendizaje de discriminación de olores en ratas que pretende ser equivalente al de pares de palabras asociadas en humanos. En él, la rata tiene que seleccionar por su olor uno de dos pequeños recipientes llenos de arena perfumada y escarbar dentro de él para hallar un trozo de cereal allí enterrado que es el refuerzo.

Tal como se explica en la figura 4, para saber en qué recipiente está el cereal, las ratas tienen que aprender a asociar el olor de uno de ellos con el del otro, por ejemplo, menta con canela. Después tienen que asociar el segundo olor, canela, con un tercero, como vainilla, para ver si tras las dos asociaciones sucesivas a la rata le queda también asociado el primer olor, menta, con el tercero, vainilla. Ésa es la prueba de transitividad, mientras que otra prueba más sencilla es la de simetría, que consiste en ver si cuando las ratas asocian sólo dos olores, como menta y canela, es lo mismo presentar en primer lugar cualquiera de ellos para que las ratas elijan el recipiente con el otro olor para obtener el refuerzo. Los investigadores han comprobado que las ratas son capaces de aprender tanto la transitividad como la simetría, pero sólo si tienen intacto su hipocampo. Cuando esa estructura de su cerebro es lesionada, pierden la capacidad para aprender ambas cosas.

Si consideramos entonces que el hipocampo interviene tanto en aprendizajes de naturaleza espacial como en aprendizajes que implican transferencia, simetría, inversiones y deducciones sobre estímulos o eventos, llegamos pronto a la conclusión de que, como lo que tienen en común todos esos aprendizajes es la necesidad de relacionar cosas, sean lugares, objetos variados, personas o eventos, una de sus funciones básicas podría consistir en hacer posible esas relaciones. De ahí que la memoria explícita, además de declarativa, haya recibido también el nombre de *memoria relacional*, particularmente cuando se refiere a animales como la rata, siendo en ellas impropio hablar de memoria declarativa.

La representación del tiempo en el hipocampo

Cuando animales y humanos nos movemos en un espacio, las células de lugar del hipocampo codifican la secuencia de las sucesivas posiciones que recorremos y las que representan una determinada trayectoria pueden quedar conectadas entre ellas mediante procesos de plasticidad y potenciación sináptica como los anteriormente descritos. Pero la sucesiva y secuencial activación de esas neuronas podría representar no sólo el espacio recorrido, sino también el tiempo transcurrido para hacerlo. Es decir, tras un estímulo inicial, cada neurona podría activar sucesiva y secuencialmente a la siguiente del grupo y el estado de ese grupo en un momento dado sería el modo de representar en el cerebro el tiempo transcurrido hasta entonces del evento procesado. Después, las mismas neuronas que forman esa memoria harían posible el recuerdo al activarse posteriormente repitiendo la misma secuencia. Ese proceso –en buena medida confirmado, como ya vimos– podría ser especialmente importante para codificar y representar la memoria episódica, pues la organización temporal de la secuencia de eventos que incluye es una característica fundamental de ese tipo de memoria. La repetición de las secuencias de activación de las células de lugar que tienen lugar en el hipocampo en determinados momentos a la hora de recordar es, en la opinión del especialista Howard Eichenbaum, la mejor prueba que tenemos de lo que podríamos considerar un viaje mental en el tiempo.

Pero la principal novedad ahora son los trabajos de diferentes laboratorios que muestran que algunas células del hipocampo se activan diferencialmente en momentos específicos de experiencias temporalmente organizadas, incluso cuando la conducta de la rata y su localización permanecen relativamente constantes. Esas neuronas podrían representar no sólo secuencias como las anteriormente mencionadas, sino el tiempo objetivamente transcurrido de un evento, es decir, su duración, y por eso se las ha llamado *células de tiempo*. Según Howard Eichenbaum, las características similares de esas células y las de lugar sugieren que en realidad no son dos tipos diferentes de neuronas, sino que podrían ser las mismas y su actividad asociarse indistintamente con el tiempo o con el espacio según el contexto en el que el aprendizaje tiene lugar.

Otros experimentos también recientes muestran que las ratas tienen capacidad para retener memorias en lapsos de tiempo de incluso varios minutos, y que esa capacidad depende también del hipocampo. Contrariamente, tanto las ratas como los humanos con daño en el hipocampo tienen problemas de memoria cuando la tarea a aprender requiere estimar o reproducir duraciones específicas y cortas de tiempo, de menos de 40 segundos. Generalmente sobrestiman el tiempo transcurrido y tienden a responder antes que la media de los sujetos normales. Aunque no conocemos bien cómo lo hacen, esos resultados indican que el hipocampo tiene también un papel especial en la valoración del tiempo de los estímulos y las respuestas en cada situación de aprendizaje.

Memoria explícita versus memoria implícita

Un conocido rompecabezas, el llamado *Torre de Hanói* (figura 6), permite distinguir claramente entre memoria implícita y explícita en personas con diferentes enfermedades neurológicas. Consiste en pasar varios discos de madera, perforados en su centro y de diámetros progresivamente mayores, desde un eje vertical a uno de otros dos ejes, en movimientos con una sola pieza y sin colocar nunca un disco mayor encima de otro menor. Los pacientes amnésicos, con lesiones en el hipocampo y el lóbulo temporal medial del cerebro, aprenden a mover los discos correctos con eficacia creciente, pero son incapaces de recordar y reconocer conscientemente esos discos y el conjunto del rompecabezas o las experiencias de días anteriores practicando con él. Cada ensayo diario es para ellos una novedad, porque el individuo no recuerda haberlo hecho antes, pero aprende y recuerda implícitamente lo aprendido, como lo demuestra el que su ejecución es cada día más perfecta. Por el contrario, pacientes como los de Parkinson, con alteraciones en los núcleos estriados del cerebro que les originan temblores y déficit de memoria implícita, a diferencia de los amnésicos, recuerdan perfectamente sus experiencias previas con el rompecabezas, pero no consiguen acumular esa experiencia en forma de aprendizaje, equivocándose continuamente por mucho que practiquen y lo intenten. Vemos pues, en la práctica, la disección cerebral y funcional de ambos tipos de memoria y su trastorno en cada tipo de enfermo.

Otro modo de distinguir entre memoria implícita y explícita en la práctica es el *aprendizaje de clasificación probabilística*, desarrollado por la psicóloga canadiense Bárbara Knowlton y sus colaboradores (figura 7). Es como un juego que consiste en aprender a predecir si el tiempo será soleado o lluvioso en base a una determinada combinación de las cartas que aparecen en una pantalla de ordenador. Su particularidad es que las combinaciones que predicen uno u otro tiempo no lo hacen siempre, sino sólo en un porcentaje de ocasiones, por lo que el aprendizaje no puede tener lugar en una sola vez y sólo se consigue con mucha práctica, algo que, como ya vimos, es característico de la memoria implícita. Los pacientes amnésicos lo aprenden bien, con normalidad, pero cuando se les pregunta más tarde sobre ello, no recuerdan haber estado practicando. En contraste, los pacientes de Parkinson no consiguen aprenderlo en sucesivos intentos, pero recuerdan muy bien las situaciones de entrenamiento y sus detalles. Esta doble disociación muestra que el hipocampo y las regiones del lóbulo temporal medial generalmente dañadas en los enfermos amnésicos y las regiones del neoestriado afectadas en el Parkinson se relacionan con sistemas de aprendizaje y memoria paralelos pero diferentes, es decir, con la memoria explícita e implícita, respectivamente.

Pero las memorias implícita y explícita no son siempre independientes la una de la otra. En los organismos superiores se observa una considerable influencia mutua. Los recuerdos o conductas inconscientes (implícitas) pueden ser modulados y modificados por la memoria consciente (explícita) y los recuerdos explícitos suelen tener muchos componentes de memoria implícita. Los dos tipos de memoria pueden apoyarse e incluso interferirse. En algunos casos, el poder explicar con palabras, es decir, declarativamente, los movimientos implicados en la adquisición de un hábito puede facilitar su adquisición, pero hay también quien cree que cuanto menos explicable sea un hábito motor, menos interferencias pueden ocurrir en su aprendizaje y por eso puede adquirirse antes y recordarse mejor. Lo más normal es que muchos tipos de aprendizaje y memoria comiencen siendo conscientes y explícitos para acabar convirtiéndose, con su evocación o práctica repetida, en pura conducta o memoria implícita. Cuando aprendemos a escribir a máquina, a nadar o a conducir un coche, nuestra conducta al principio es consciente, voluntaria y explícita, pero con la práctica se automatiza y se convierte en una rutina inconsciente. Hay incluso tareas complejas que pueden aprenderse tanto de forma implícita como de forma explícita, requiriendo cada una de ellas regiones cerebrales diferentes y originando memorias con propiedades también diferentes.

En realidad, todos los sistemas de memoria son hasta cierto punto interdependientes y se apoyan mutuamente. Los contenidos, por ejemplo, de la memoria episódica incluyen muchas representaciones semánticas. Es decir, cuando recordamos lo que nos ocurrió algún tiempo atrás, ese recuerdo incluye memorias del significado de las palabras o los hechos en él involucrados. No faltan tampoco investigadores que sospechan que la misma información puede ser procesada simultáneamente en ambos sistemas de memoria del cerebro, los que generan la memoria implícita y los que generan la explícita, lo que podría hacer, como veremos más adelante, que el recuerdo de lo aprendido dependa del modo en que se produce, si utilizando la intención que evoca los recuerdos conscientes o si reaccionando a algún estímulo externo o interno al organismo que automáticamente pueda originar el comportamiento correspondiente. Hablaremos más detenidamente de ello en el capítulo dedicado al recuerdo.

5

La memoria de trabajo y la cognición ejecutiva

Qué es la memoria de trabajo

CUANDO MULTIPLICAMOS MENTALMENTE, hemos de recordar las cifras que nos llevamos en cada paso para añadirlas en los pasos siguientes. Cuando leemos un largo párrafo de un texto, igualmente hemos de recordar el principio del mismo para poder entender el final o las partes siguientes consecutivas. Si realizamos trabajos u operaciones mentales que requieren repetición o alternancia, hemos de retener en la mente lo que hicimos anteriormente para no errar en los pasos sucesivos. En otras circunstancias tratamos de no olvidar que antes de irnos a dormir hemos de apagar el gas o poner a cargar el móvil. Todos ellos son ejemplos de situaciones en las que utilizamos la llamada *memoria de trabajo*, que consiste, como acabamos de ver, en información conscientemente retenida en la mente durante un breve período de tiempo para ser usada en un futuro inmediato. Podemos comparar esa memoria con una pizarra mental donde anotamos y borramos continuamente la información que no está accesible en el entorno y que necesitaremos enseguida para guiar el comportamiento inmediato.

La memoria de trabajo proporciona una unión temporal entre lo que percibimos fuera de nosotros y lo que imaginamos, y aunque no nos demos cuenta, utilizamos continuamente este tipo de memoria para pensar y razonar, para hablar y comprender el lenguaje, para aprender, para tomar decisiones y para realizar cálculos y toda clase de operaciones mentales. La memoria de trabajo es además una memoria con carácter prospectivo, pues sirve también para imaginar, prever o anticipar mentalmente acciones o sucesos por venir. Eso es lo que ocurre, por ejemplo, cuando jugamos al ajedrez y retenemos en la mente varios posibles movimientos sucesivos a realizar en función de los esperados del contrincante. La memoria de trabajo da un sentido de unidad y de continuidad a nuestra experiencia consciente y contribuye a la formación de memorias a largo plazo reforzando las conexiones entre los elementos asociados en ellas.

La memoria de trabajo en el cerebro

El principal investigador pionero en el estudio de la memoria de trabajo es el neurocientífico español Joaquín Fuster, afincado en la Universidad de California, en Los Ángeles. Para conocer las estructuras del cerebro implicadas en este tipo de memoria, él y sus colaboradores han utilizado aprendizajes de respuesta retardada en monos. En un experimento clásico se le presentan a cada animal dos cubiletes invertidos, uno de ellos conteniendo una recompensa, como un cacahuete o un trozo de plátano, y el otro vacío. Se le muestra al mono dónde está la recompensa levantando el cubilete que la contiene y después se sitúa ante él temporalmente una plataforma que le impide ver los cubiletes. Como no los ve, el mono tiene que retener en su memoria de trabajo el que contiene la recompensa para acertar posteriormente cuando la plataforma se levante y se le requiera elegirlo. En síntesis, una muestra previa y una elección posterior, separadas por un breve intervalo en que el animal no ve la escena en cuestión. Distintas modalidades de este aprendizaje pueden requerir que el mono elija el mismo cubilete de la muestra o el contrario de la pareja, es decir, el aprendizaje puede ser de igualación o de alternancia, pero la respuesta en ambos casos es siempre retardada ya que la plataforma se interpone durante un breve tiempo entre la muestra y la elección. En los experimentos pioneros, Fuster y sus colaboradores implantaron electrodos permanentes en el cerebro de los monos y eso les permitió descubrir neuronas de la *corteza prefrontal dorsolateral* del cerebro (figura 2) que se activaban de manera persistente durante el intervalo de retención, es decir, durante el tiempo en que los animales retenían en su mente el cubilete que contenía la recompensa.

Las neuronas de la corteza prefrontal dorsolateral que se activan durante los intervalos de retención no parecen representar ni la recompensa esperada, es decir, el cacahuete o el plátano en el ejemplo anterior, ni alguna respuesta o movimiento inminente del animal, sino la localización en el espacio de los estímulos que han de ser recordados u otros estímulos o señales, como caras, objetos, colores y patrones incluidos en la tarea de aprendizaje o el proceso cognitivo en curso. Son, por tanto, neuronas capaces de representar información multisensorial. La corteza prefrontal es por todo ello considerada como la sede de la memoria de trabajo, es decir, como un lugar para mantener durante cortos períodos de tiempo representaciones internas de estímulos ausentes. Es probable, no obstante, que sean redes integradas por múltiples neuronas, y no neuronas individuales, las que representen a la memoria de trabajo en la corteza prefrontal. Un trabajo reciente pone de manifiesto que los microcircuitos neuronales, excitatorios e inhibitorios, de la corteza cerebral son suficientes para generar mecanismos de retroalimentación que hacen posible la persistencia de la actividad que subyace a la retención mental de la información, es decir, a la memoria de trabajo. Apoyando estas hipótesis, otros experimentos han mostrado que los animales con lesiones en la corteza prefrontal tienen muchas dificultades para aprender tareas de respuesta retardada o con similares requerimientos, lo que resulta atribuible a su incapacidad para mantener una representación mental interna de los estímulos necesarios para aprender.

En los estudios con neuroimágenes funcionales en humanos se observa también una especial activación de la corteza parietal posterior en tareas de respuesta retardada, lo que indica que la corteza prefrontal recurre preferentemente a ella para obtener y manipular la información contenida en la memoria de trabajo. En realidad, las neuronas de la corteza prefrontal cooperan o trabajan conjuntamente con las de la corteza parietal para retener en la mente la información de la memoria de trabajo. Eso no es de extrañar dado que la corteza parietal posterior es un área asociativa del cerebro que almacena la confluencia de información sensorial variada, visual, somática y auditiva principalmente. Un dato experimental especialmente relevante es que algunos genes que determinan la integridad del *fascículo longitudinal superior*, un importante grupo de fibras nerviosas que comunica la corteza frontal con la parietal, determinan también la capacidad de los individuos para ejecutar tareas de respuesta retardada, lo que viene a confirmar la relación de ese fascículo con la memoria de trabajo y el importante componente heredado que este tipo de memoria puede tener, como veremos más adelante.

Ahora sabemos que la actividad persistente durante los intervalos de retención de información no es exclusiva de la corteza prefrontal dorsolateral, pues se observa también de modo concurrente en otras partes del cerebro. En tareas intelectualmente complejas se ha observado que la memoria de trabajo, además de la corteza prefrontal y parietal posterior, puede involucrar también a las cortezas cingulada anterior e insular anterior, e incluso al hipocampo o a estructuras subcorticales, como el tálamo.

El funcionamiento normal de la corteza prefrontal en relación con la memoria de trabajo requiere la participación efectiva de un buen número de sustancias químicas o neurotransmisores cerebrales, entre los que destaca como más importante, una vez más, la dopamina. La corteza prefrontal recibe proyecciones dopaminérgicas desde las neuronas de los núcleos del mesencéfalo que la sintetizan, como el área tegmental ventral y la sustancia negra. No obstante, diferentes trabajos experimentales en ratas, monos e incluso humanos han puesto también de manifiesto la importancia para la memoria de trabajo de otros neurotransmisores que pueden modular ese tipo de memoria, como la acetilcolina, la serotonina y la noradrenalina. Las manipulaciones experimentales de estos neurotransmisores o la administración de sustancias que reproducen sus efectos pueden aumentar o disminuir la capacidad de memoria de trabajo de los sujetos.

¿Se hereda la memoria de trabajo?

Diferentes observaciones experimentales han mostrado altos grados de coincidencia entre gemelos en su rendimiento en pruebas de memoria de trabajo, lo que indica que es un tipo de memoria en buena medida heredable de los progenitores. Un estudio reciente con 319 gemelos adultos idénticos y fraternos, a los que se les hicieron registros de resonancia magnética funcional de alta resolución de su cerebro mientras ejecutaban tareas de memoria de trabajo, mostró una gran coincidencia entre los miembros de cada pareja en la activación durante esas tareas no sólo de la corteza prefrontal sino también de otras regiones cerebrales, como las circunvoluciones superiores parietal y occipital y la corteza cingulada medial. En la medida en que estas áreas son las más implicadas en la memoria de trabajo, su coincidencia en activación durante tareas de ese tipo sugiere una heredabilidad de entre el 40 y el 65 % para este tipo de memoria.

¿Es lo mismo memoria de trabajo que memoria a corto plazo?

Hay una cierta tendencia a confundir o incluso a usar indistintamente los términos memoria a corto plazo y memoria de trabajo. Ello se debe a que son procesos mentales que tienen mucho en común. Tal como ya vimos, la memoria a corto plazo es retención de información diversa durante un corto período de tiempo, generalmente segundos. La mayoría de las personas son capaces de retener entre 4 y 7 ítems o informaciones diferentes, sean números, nombres, palabras, etc. La memoria de trabajo, por su parte, es también una breve retención mental de información, pero se diferencia de la memoria a corto plazo en que tiene más dinamismo, es decir, no es sólo mantenimiento sino también manipulación o trabajo mental con la información retenida, lo que quiere decir que esa información cambia y se actualiza continuamente en el curso del pensamiento. Las tareas que miden memoria de trabajo suelen ser más complejas y demandantes, requiriendo más atención que las que miden memoria a corto plazo, lo que implica mecanismos y procesos cerebrales diferentes en ambos casos. La memoria de trabajo suele requerir una actividad mental más compleja que la memoria a corto plazo. Así, no es lo mismo analizar si una frase es sintáctica o semánticamente correcta (memoria de trabajo) que retener dígitos mentalmente durante un determinado período de tiempo (memoria a corto plazo).

Los estudios de neuroimagen funcional han mostrado que la actividad en la corteza prefrontal dorsolateral del cerebro es mayor durante la ejecución de una tarea de manipulación mental, como, por ejemplo, ordenar alfabéticamente un grupo de letras, que ejecutar una tarea simple de mantenimiento, como retener varios nombres o una secuencia determinada de letras o números. Ello, no obstante, podría reflejar más una diferencia en la cantidad de atención requerida por cada tarea que la diferencia específica entre ambos tipos de memoria. En cualquier caso, una forma razonable de considerar esa diferencia consiste en suponer que la memoria de trabajo incluye a la memoria a corto plazo como un componente muy importante, pero es siempre algo más que ella. También es posible considerar a la memoria de trabajo no como un proceso mental especializado, sino como una propiedad que emerge de un más amplio sistema de tratamiento general de la información mental ligado a la actividad de la corteza prefrontal del cerebro. A ello nos referimos a continuación.

La cognición ejecutiva

La amplia relación anatómica y funcional de la corteza prefrontal con otros territorios corticales y subcorticales sugiere que su papel no se limita al de una simple memoria que almacena representaciones temporales de eventos pasados o futuros, sino que va mucho más allá, pues, más que eso, constituye un sistema funcional de *cognición ejecutiva* que sirve para poner en juego, interrelacionar y combinar informaciones muy diversas, almacenadas en otras partes del cerebro, como el neocórtex en general, el tálamo, la amígdala y los ganglios basales, estructuras todas ellas relacionadas no sólo con procesos de memoria sino también con procesos de atención y percepción, motivacionales y emocionales. Esa interrelación funcional sirve asimismo para prestar atención selectiva a determinados estímulos o recuerdos, para razonar y aprender, para planificar el futuro, para tomar decisiones y para guiar el comportamiento. La corteza prefrontal, siendo como es la parte más evolucionada del cerebro humano, lleva la batuta en ese sistema, es decir, asume la dirección y el control del mismo. Su papel en la atención selectiva es difícil de separar por completo de la propia memoria de trabajo pues ésta parece servir como el recipiente donde ponemos aquello a lo que prestamos atención y retenemos en la mente. Y aquello a lo que prestamos atención es lo que mejor recordamos posteriormente. De hecho, cuando se interfiere la función de la corteza prefrontal con estimulación magnética transcraneal, la atención selectiva se altera y la memoria de trabajo pierde eficacia para establecer memorias duraderas, pues se altera también la comunicación normal de la corteza prefrontal con el resto del cerebro, algo así como si, en un concierto, el director de la orquesta viera de repente interrumpida su comunicación con los músicos o con parte de ellos.

Como el lector recordará, el neocórtex contiene representaciones que son cógnitos o memorias de experiencias pasadas de múltiple naturaleza sensorial, es decir, memorias visuales, auditivas, somáticas, etc., las cuales pueden ser relacionadas entre sí por la corteza prefrontal en el curso del pensamiento racional. Igualmente, el *tálamo*, importante núcleo del *diencéfalo* (figura 2) que transfiere a la corteza cerebral la información procedente de los órganos de los sentidos, desde sus núcleos mediodorsal e intralaminares, envía proyecciones a la corteza prefrontal y recibe a su vez proyecciones de ella, haciendo posible una interrelación funcional que sirve para activar la memoria de trabajo y el pensamiento en general cuando somos estimulados desde fuera o desde el interior del propio cuerpo. Esa misma interacción sirve también para que el pensamiento pueda condicionar la atención que prestamos a determinados estímulos. Además, las relaciones de la corteza prefrontal con la amígdala a través de estructuras intermedias, como la *corteza orbitofrontal* (figura 2), son muy importantes para que el pensamiento y las decisiones sean influidos por las emociones y los sentimientos, y también para que podamos gobernar y modificar nuestras emociones mediante el razonamiento.

Los estudios con neuroimágenes funcionales han mostrado que la corteza cingulada anterior (figura 2) puede jugar también un papel en la memoria de trabajo y la cognición ejecutiva que podría relacionarse con las expectativas que tenemos de recibir una recompensa y con la detección de errores cuando nos equivocamos en nuestras predicciones, es decir, con el error de predicción, pues es una parte de la corteza cerebral que se activa como un chivato cuando lo que pasa no coincide con lo que esperamos o deseamos que pase. El lóbulo temporal medial, que incluye al hipocampo, también parece intervenir en la memoria de trabajo y la cognición ejecutiva, pues algunas de sus neuronas muestran también actividad persistente y sostenida durante los intervalos de retención de información. Los resultados de algunos experimentos indican que su papel en la memoria de trabajo es especialmente relevante cuando la información que se procesa es novedosa, pero no cuando se trata de información conocida o familiar.

Asimismo, hay resultados experimentales recientes que indican que la interacción entre la corteza prefrontal y el lóbulo temporal medial es necesaria para formar memorias del contexto temporal en que ocurren las cosas recordadas, por ejemplo, cuando hemos de recordar el momento de una película en que apareció un determinado personaje o la hora del viaje en que paramos a tomar un café. Por otro lado, la información que la corteza prefrontal envía a los ganglios basales, como recordará el lector, le sirve para formar las asociaciones que hacen posibles determinadas conductas, particularmente los hábitos motores. En definitiva, la corteza prefrontal es una parte del cerebro crítica para dirigir y guiar el pensamiento y la conducta. Todo ello coincide y puede ser relacionado con el doble ciclo, cognitivo y emocional, de percepción y acción que nos explica el profesor Fuster en el prólogo de este libro.

Memoria de trabajo e inteligencia

Uno de los aspectos más relevantes de la memoria de trabajo es su relación con la inteligencia general, particularmente con la llamada *inteligencia fluida*, que es la capacidad de las personas para aclararse en la confusión, tener razonamiento abstracto, solucionar problemas nuevos, hacer inferencias y comprender relaciones entre conceptos, todo ello con independencia del conocimiento previamente adquirido. La inteligencia fluida es, por tanto, un tipo de inteligencia muy relacionada con la memoria explícita. Según algunos análisis, la memoria de trabajo de una persona podría contribuir entre el 30 y el 50 % de la varianza en el factor *g*, el *coeficiente de inteligencia de Spearman*. De hecho, para algunos investigadores una razón añadida al diferenciar memoria de trabajo de memoria a corto plazo es que la primera se correlaciona con la inteligencia general algo más que la segunda, aunque ambas son importantes. Otro modo de verlo es el inverso, considerando que no es la mayor capacidad de memoria de trabajo la que incrementa la inteligencia general, sino que son las personas más inteligentes las que, por ello, tienen una mejor memoria de trabajo.

Si la inteligencia general de una persona depende, al menos en algún grado, de su memoria trabajo, esa inteligencia general podría aumentar con la práctica en tareas que ponen en juego y promocionan ese tipo de memoria. Más aún, como la memoria de trabajo y también las emociones están bajo control de la corteza prefrontal dorsolateral del cerebro, algunos investigadores han sugerido que el entrenamiento en tareas de memoria de trabajo, sobre todo si incluyen estímulos emocionales, podría servir también como procedimiento para aumentar la capacidad de control emocional de una persona. Eso al menos es lo que resultó de un experimento en el que los sujetos tenían que retener en su mente si los pares de palabras y las caras desagradables que se les presentaban en determinadas posiciones de una pantalla habían salido o no en las mismas posiciones de una presentación anterior (la típica prueba *n-atrás*, que consideraremos con detalle más adelante). Como se esperaba, las neuroimágenes funcionales mostraron que los sujetos entrenados en esa tarea no sólo aumentaron su actividad en las cortezas prefrontal dorsolateral y cingulada anterior, ambas relacionadas con el control emocional, sino que además puntuaron mejor en medidas de control emocional a partir del razonamiento. Este tipo de experimentos tienen que ser replicados y perfeccionados, pero nos indican que otra gran beneficiada del entrenamiento y la promoción de la memoria de trabajo, además de la inteligencia general, puede ser también la llamada inteligencia emocional, que no es otra cosa que la capacidad de las personas para controlar y gestionar sus sentimientos utilizando la razón. En otro apartado del libro consideraremos con más detalles el entrenamiento en tareas de memoria de trabajo y su posible influencia positiva sobre otros procesos mentales.

6

Recuerdo y olvido

Qué recordamos

Aunque la capacidad del cerebro humano para almacenar información pueda parecer ilimitada, nadie llega a tener la memoria de *Funes el memorioso*, el personaje de un cuento de Jorge Luis Borges que podía recordar cosas tan increíbles como todas y cada una de las hojas de árbol que había visto en su vida. Pero nadie querría algo así porque, lejos de ser una bendición, una memoria de ese tipo sería más bien un infierno, ya que saturaría y bloquearía la mente continuamente al recordarlo todo, lo importante y lo superfluo. Peor aún, hay cosas negativas de nuestra vida que no quisiéramos recordar nunca, aunque, desafortunadamente, ésas suelen estar entre las que más nos vienen a la memoria.

La memoria es selectiva. Lo que el cerebro hace es aparentemente tan sencillo como almacenar la información que es importante para cada uno de nosotros y permitir generosamente el olvido de todo aquello que hemos conocido e incluso aprendido pero carece de interés. El cerebro sólo registra aquello que para cada persona tiene un significado especial, bien porque le impresiona, agrada y reconforta o, todo lo contrario, porque le desagrada y disgusta. Pero esa selección no se produce a la carta, pues nadie decide voluntariamente lo que quiere y lo que no quiere recordar. Si así fuese, si tuviésemos la capacidad de seleccionar voluntariamente nuestras memorias, podríamos caer en la tentación de querer recordar sólo lo bueno, las cosas positivas que nos han ocurrido, y entonces correríamos el riesgo de volvernos a equivocar, de tropezar más de una vez en la misma piedra al no recordar lo que hicimos mal o nos perjudicó en el pasado. Si además de lo bueno conviene recordar también lo malo, las experiencias negativas de la vida, es precisamente para tratar de evitar que tales experiencias vuelvan a acontecer, es decir, para ayudarnos a evitar en lo sucesivo las causas que las originaron. Por el contrario, recordar las experiencias positivas de la vida es algo que sirve para intentar repetir y potenciar esas experiencias.

Pero, si no interviene la voluntad, ¿cómo sabe el cerebro lo que es importante y lo que no? En cierto modo podríamos decir que no lo sabe, pero acierta en la selección porque utiliza una estrategia evolutiva altamente eficaz que consiste en almacenar en los sistemas de memoria todo aquello que nos emociona. No importa que algo sea bueno o malo, que sea una experiencia positiva o negativa, pues si nos emociona, el sistema cerebral de la memoria se activa y registra y almacena ese algo, esa experiencia ligada a sentimientos. Aquel beso inesperado, el ver nacer a un hijo o una magnífica puesta de sol sobre la Alhambra en el mirador de San Nicolás se registran y almacenan en la memoria del mismo modo en que lo hacen también la inesperada noticia de un accidente familiar o el momento y lugar en que nos comunican un grave diagnóstico clínico. Y como nada es más importante que lo que nos emociona, seleccionando lo que produce sentimientos el cerebro guarda en la memoria todo aquello que es importante para cada uno de nosotros. Lo demás puede ser olvidado con facilidad. Es por eso que, aunque haya transcurrido el mismo tiempo, pocas personas recuerdan lo que comieron el día del nacimiento de su hijo o el del ataque terrorista en Nueva York, salvo, claro está, que no fuese en el momento de comer cuando esas personas recibieron la respectiva y emocionante noticia, o que aquel mismo día hubiesen degustado el mejor plato de su vida en algún restaurante de élite (como el Celler de Can Roca en Girona o el de David Muñoz, en Madrid).

La selección cualitativa que hace el cerebro de los recuerdos queda especialmente patente cuando nos hacemos mayores. En su reciente libro *The nostalgia factory* (*La fábrica de la nostalgia*, Yale University Press, 2013), el psicólogo Douwe Draaisma cuantifica los recuerdos que las personas mayores suelen tener de cada tiempo de su vida pasada. Desde la infancia a la adultez, el número de ellos crece, mostrando un pico alrededor de los 20 años. Es decir, cuando somos mayores y miramos al pasado, solemos recordar mucho de lo que nos pasó en esa época de la vida. Sin embargo, los mayores suelen tener muchos menos recuerdos de los años que siguen, es decir, de su mediana edad. Hay, por así decirlo, un vacío importante de recuerdos memorables de esa parte de la vida. Es una constante en la distribución de los recuerdos que se observa en casi todas las autobiografías. En su conocida obra *Pelando la cebolla*, el Nobel Gunter Grass dedica la mayor parte de las páginas referidas a los primeros 30 años de su vida a recuerdos de cosas que le ocurrieron entre los 17 y los 21 años.

Después de todo lo que hemos explicado en este libro sobre los mecanismos neuronales del aprendizaje y la memoria es posible que el lector esté pensado que la concentración de los recuerdos en dicha franja de edad podría deberse a que es entonces cuando mejor funcionan esos mecanismos y tenemos más facilidad para formar memorias. Pero lo cierto es que, como veremos más adelante, los mecanismos de la memoria siguen funcionando bastante bien al menos en las dos siguientes décadas de la vida tras los 20 años, y por eso cabe pensar en una explicación diferente. Draaisma nos la ofrece al sugerir que es la cualidad y el impacto de las memorias que empiezan a formarse en esa época de nuestra vida en que nos independizamos y empezamos a vivir como adultos lo que determina que sean ésas, y no otras menos poderosas, las memorias que más llenan nuestra biografía.

Por último, un caso especial es el de las personas que nacen con una extraordinaria capacidad para recordar experiencias de su vida pasada, es decir, las que tienen una gran memoria autobiográfica. Pueden recordar con detalle, por ejemplo, lo que comieron un día hace años, o el vestido que llevaron a una fiesta hace también mucho tiempo. Son recuerdos autobiográficos de la vida real, pero se ha comprobado que esas mismas personas no tienen más capacidad de la normal para recordar experiencias autobiográficas de tipo más teórico, llamadas a veces *experiencias de laboratorio*, como recordar objetos de una lista aprendida, o sea, objetos que no visualizaron, por ejemplo en un museo. Por otro lado, también se conocen personas con mucha capacidad para recordar objetos como los de esa u otras listas que, sin embargo, tienen una memoria sólo normal para recordar eventos autobiográficos de la vida real. Trabajos recientes con neuroimágenes funcionales han puesto de manifiesto la activación de diferentes regiones cerebrales para esos dos diferentes tipos de recuerdos autobiográficos. El cerebro, por tanto, podría almacenar de modo diferente ambos tipos de memoria para eventos o sucesos, los más teóricos o imaginados y los pertenecientes a la vida real.

Cómo recordamos

Podemos asumir que hay dos modos básicos de recordar. Uno de ellos origina los recuerdos automáticos e instantáneos que tenemos en determinadas ocasiones, como cuando la cara de una persona nos evoca enseguida su nombre, o cuando un sonido metálico nos produce una reacción de miedo por tenerlo asociado a un accidente de coches. En esos y otros casos similares, el recuerdo no es más que una repuesta refleja adquirida en experiencias previas de aprendizaje. Pero en otros muchos casos, el recuerdo no es tan simple, pues consiste en una reconstrucción del pasado que se basa no sólo en la información originalmente aprendida, sino también en los nuevos conocimientos, motivaciones, sentimientos y experiencias de la persona que recuerda. La reconstrucción de la memoria requiere entonces el acceso a información variada almacenada en diferentes lugares del cerebro.

En el caso del recuerdo automático, cuando, por ejemplo, al ver un libro en una estantería nos acordamos inmediatamente de la persona que nos lo regaló, la información visual de ese libro, procesada en la corteza occipital, activa inmediatamente al hipocampo y éste a su vez genera la memoria de dicha persona activando la información sobre ella almacenada en la neocorteza. Ya vimos que el hipocampo puede funcionar de ese modo, es decir, como un archivo o índice que alberga información sobre la localización en el resto del cerebro de memorias o fragmentos de ellas. Pero el origen del recuerdo puede estar muchas veces en el razonamiento que se inicia en la corteza prefrontal, la cual puede activar también representaciones almacenadas en otras partes del cerebro. Combinando los resultados obtenidos en estudios de neuroimágenes funcionales, neuropsicología y fisiología, los investigadores llegan a la conclusión de que la reconstrucción del pasado se basa en una interacción funcional entre distintas áreas de la corteza posterior y del lóbulo temporal medial del cerebro, controlada por la corteza prefrontal.

Almacenando información sobre el contexto específico de cada memoria, cuando recordamos, la corteza prefrontal puede seleccionar la que resulta relevante para ese contexto y suprimir al mismo tiempo las irrelevantes que pudieran interferir en ella. Algunos estudios muestran también interacciones de sentido contrario en las que, cuando recordamos, el hipocampo genera representaciones de memoria que la corteza prefrontal reconcilia con los requerimientos del proceso mental en curso. Algo así como si el hipocampo activase una determinada memoria y, a través de sus conexiones neuronales con la corteza prefrontal, le preguntase si esa memoria es la requerida en un momento determinado para guiar la conducta. Por tanto, si el hipocampo forma y recuerda memorias particulares, la corteza prefrontal, mediante sus conexiones con el resto de la neocorteza, almacena características comunes de memorias de algún modo relacionadas, como, por ejemplo, el lugar común donde ocurrieron varios sucesos o una lista general donde aparece un determinado grupo de palabras. En ese sentido, los esquemas de información almacenados en la corteza cerebral constituyen un buen contexto en el que ubicar memorias relacionadas o parecidas.

La corteza prefrontal guía, por tanto, el recuerdo utilizando el contexto adecuado para discernir información conflictiva entre memorias relacionadas que compiten entre ellas. Es por eso que las ratas, los monos y también los humanos con lesión en la corteza prefrontal tienen dificultades para cambiar de estrategia cuando tratan de llegar a un lugar habitual y de repente cambia el entorno. Entonces ya no pueden guiarse por los movimientos y giros de siempre y, en su lugar, deben prestar atención a las señales cambiadas del camino. Es lo que en psicología se llama distinguir entre una estrategia de respuesta y una respuesta de lugar a la hora de conducirse o solucionar un problema espacial. El hipocampo tiene también capacidad para recordar un evento sin la ayuda de la corteza prefrontal, pero lo hará siempre con menor selectividad y mayor probabilidad de confundir eventos.

Nos queda mucho por saber sobre las interacciones entre la corteza prefrontal y el resto del cerebro a la hora de recordar, pero hay investigaciones recientes que ponen de manifiesto el papel específico de algunas regiones corticales. El recuerdo de la memoria remota, por ejemplo, parece muy ligado a la activación de la corteza temporal, pero incluso dentro de ésta hay partes con misiones específicas. Así, investigaciones con resonancia magnética funcional han mostrado que la corteza temporal anterior está especialmente involucrada en la representación y el recuerdo de memorias muy antiguas, mientras que la corteza temporal posterior es más selectiva y se especializa en el recuerdo de cosas o categorías específicas, como caras o herramientas. Gracias a esas investigaciones, ahora sabemos también que los ganglios basales, actuando sobre la corteza prefrontal y el hipocampo, pueden involucrarse en el recuerdo de las memorias episódicas y semánticas, es decir, en el recuerdo de la memoria explícita. Su papel, por tanto, no se limita a la importante función que ya tienen en la formación de los hábitos y la memoria implícita en general.

Tengamos también en cuenta que cuando el recuerdo es un proceso mental activo y no una lectura automática de las memorias, su resultado puede no ser idéntico a la experiencia original. Es decir, lo que recordamos cuando reconstruimos el pasado puede variar en cada intento y no siempre coincide con lo que en realidad hubo o pasó. Los experimentos con neuroimágenes funcionales han mostrado resultados que dan soporte a esa diferencia, pues se ha observado que las regiones de la corteza cerebral que se activan cuando se percibe un suceso no siempre coinciden exactamente con las que se activan cuando se recuerda ese mismo suceso. Ni siquiera las regiones cerebrales que se activan cuando percibimos diferentes tipos de objetos, como, por ejemplo, un árbol, un ordenador o una habitación, coinciden exactamente con las que se activan cuando tratamos de imaginar esas mismas cosas. También se han obtenido neuroimágenes y registros de potenciales evocados que muestran una activación específica de las cortezas parietal y frontal del cerebro durante el recuerdo exitoso, indicando posiblemente que la información no es nueva. Eso indica que la actividad cerebral cuando recordamos cosas suele diferenciarse en mayor o menor grado de la que tiene lugar cuando percibimos directamente esas mismas cosas, y en esa diferencia puede basarse el hecho, generalmente inadvertido, de que los humanos sabemos muy bien cuándo algo está realmente presente o cuándo lo estamos imaginando. Si la actividad cerebral fuese idéntica, podríamos confundir realidad con imaginación.

Digamos, por último, que la reactivación de las memorias puede producirse en una escala de tiempo diferente a la de la experiencia original, de un modo comprimido, como cuando en una grabadora magnética reproducimos la información a una velocidad superior a la normal. Es asimismo un hecho comprobado que, con el paso del tiempo, las memorias pueden no sólo cambiar, sino también debilitarse o incluso perderse, como veremos más adelante.

Mecanismos neuronales del recuerdo

El modo en que muchas veces recordamos puede compararse al observado en recientes trabajos experimentales donde una rata previamente entrenada se sitúa en un laberinto en T y afronta la decisión de girar hacia el brazo de la izquierda o al de la derecha para llegar a la comida. En ese caso y antes de nada, las células de lugar de su hipocampo repiten las secuencias de activación correspondientes a ambos recorridos, el de la derecha y el de la izquierda, como si la rata pensara en ambos trayectos previamente recorridos y los repasara mentalmente tratando de recordar el bueno (figura 8). Pero lo más interesante es que los investigadores comprobaron que cuanto más se repetían esas secuencias de ambos recorridos, menos se equivocaban las ratas en la elección correcta. Es decir, ocurrían más repeticiones neuronales previas a una respuesta correcta que a una incorrecta. Podríamos aventurarnos a decir que cuanto más se lo piensan, menos se equivocan las ratas. Y además, las repeticiones tenían lugar sobre todo al principio del aprendizaje, pero muchas menos veces cuando las ratas ya habían aprendido muy bien la tarea y, por así decirlo, no necesitaban ni siquiera pensarlo para dirigirse al brazo correcto. Las repeticiones de las neuronas del hipocampo reflejan, por tanto, el recuerdo de múltiples y relevantes memorias que son evaluadas para tomar decisiones y guiar el comportamiento. Es de suponer que en nuestro cerebro humano se repiten también esos mismos procesos, aunque probablemente con mayor complejidad funcional.

De especial interés son también los estudios experimentales con ratas y humanos que muestran oscilaciones u ondas de actividad eléctrica neuronal distribuidas por amplias regiones del cerebro cuando recordamos, pues podrían servir para asociar entre ellas las áreas que en muchos casos tienen que activarse simultáneamente para componer la experiencia recordada. Así, se ha sugerido que la coherencia o asociación correlativa en distintas bandas de frecuencia de esas oscilaciones podría servir para ligar la actividad en las cortezas prefrontal, parietal y parahipocampal durante el recuerdo de episodios de memoria. Concretamente, la activación simultánea con frecuencias de 1 a 4 hercios de las cortezas parahipocampal y prefrontal ha sido asociada al recuerdo de memorias espaciales. Y la activación en frecuencias más altas, de 7 a 10 hercios, también de la corteza parahipocampal, la prefrontal y la parietal, ha sido asociada a memorias temporales, todo ello en el cerebro humano.

Los experimentos con animales han mostrado también que el proceso de recordar requiere la activación en los circuitos neuronales de muchas de las mismas moléculas que almacenan las memorias. Así, cuando las ratas recuerdan, en su hipocampo y su corteza cerebral se activan moléculas como el glutamato, receptores como los NMDA y muchas de las proteínas quinasas que, como vimos anteriormente, están implicadas en la formación y el establecimiento de las memorias a largo plazo. Esa activación molecular supone una reactivación fisiológica del aprendizaje original que, además de evocar los recuerdos, contribuye al fortalecimiento y la estabilización de las memorias ya consolidadas. Es decir, cada vez que recordamos fortalecemos aún más las memorias que ya tenemos consolidadas. Más adelante insistiremos en la importancia que puede tener la práctica del recuerdo como método de estudio para potenciar la memoria.

La memoria de reconocimiento

Si cuando paseamos por una calle encontramos inesperadamente a la persona con la que habíamos coincidido en un viaje, puede ocurrir que enseguida al verla recordemos quién es y cómo se llama. Pero hay veces que eso no pasa, pues aunque su cara nos resulta familiar, no podemos recordar quién es o de qué la conocemos. Se pone así de manifiesto la llamada *memoria de reconocimiento*, un recuerdo consciente pero incompleto al que se añade un sentido de familiaridad. Es por ello que esta memoria implica no sólo identificar, sino juzgar también de algún modo lo identificado como algo que no es nuevo para nosotros, pues sentimos que anteriormente hemos tenido alguna experiencia o relación con ello. Recordar es evocar conscientemente el contenido, el lugar y las relaciones contextuales de lo recordado, pero reconocer es aparente e intuitivamente un proceso mental menos elaborado que recordar. Tener idea de que algo es conocido es menos que saber en qué consiste ese conocimiento, una diferencia en cierto modo cuantitativa. Hay quien cree por ello que la distinción entre recuerdo y familiaridad está expresando en realidad una distinción entre memorias fuertes y débiles, respectivamente.

No obstante, a la hora de estudiar sus mecanismos cerebrales, algunos investigadores consideran que la diferencia entre ambos tipos de memoria no es cuantitativa sino cualitativa y la ven como una forma particular de expresión de la memoria explícita, dependiente, por tanto, de sus mismos mecanismos y estructuras cerebrales, es decir, del lóbulo temporal medial del cerebro. En ese sentido, los resultados de experimentos con animales y determinadas observaciones clínicas indican que la corteza perirrinal es la parte del lóbulo temporal medial relacionada con la capacidad de discriminar familiaridad, es decir, con la memoria de reconocimiento, mientras que al hipocampo se lo considera implicado en el recuerdo, es decir, en juzgar la ocurrencia previa de un evento entre constelaciones de estímulos. Sin embargo, recientes experimentos y observaciones clínicas del grupo del investigador Larry Squire en la Universidad de California en San Diego apuntan a que, cuando las memorias son fuertes, el hipocampo, además de la corteza perirrinal, podría estar también involucrado en el sentido de familiaridad. Complementariamente, otros resultados indican que el hipocampo, en coherencia con las funciones específicas que se le atribuyen, interviene en la memoria de reconocimiento cuando esa memoria implica localizaciones espaciales o temporales de los estímulos recordados. Por otro lado, el que no pueda haber reconocimiento sin familiaridad pero sí familiaridad sin reconocimiento, es algo patente en un experimento con monos en el que la desconexión anatómica entre las cortezas prefrontal y temporal impidió la memoria de reconocimiento sin afectar a la familiaridad. La amígdala es otra estructura del cerebro que podría disociar familiaridad y reconocimiento, pues las ratas que la tienen dañada pierden el recuerdo pero conservan la familiaridad.

El recuerdo emocional

> En una conferencia que Albert Einstein dio en un Colegio de Francia, el escritor Paul Valéry le preguntó: «Profesor Einstein, cuando tiene una idea original, ¿qué hace? ¿La anota en un cuaderno o en una hoja suelta?». A lo que Einstein respondió: «Cuando tengo una idea original, no se me olvida».

Cuando se produjo el ataque terrorista a las torres gemelas de Nueva York el 11 de septiembre de 2001, algunas personas estaban en el sur de Manhattan, cerca de esas torres, viendo, oyendo y oliendo lo que pasaba, mientras que otras estaban más lejos, a unos cuantos kilómetros. Con técnicas de neuroimagen funcional se ha comprobado que las personas que estaban cerca activan selectivamente su amígdala cuando tres años después se les pide que recuerden lo que vivieron allí ese día, pero eso mismo no ocurre en las personas que estuvieron lejos del lugar atacado. La experiencia personal próxima y directa parece entonces importante para generar ese tipo de memorias que resultan de un estímulo emocionalmente impactante y que se instalan rápidamente y con gran fuerza en el cerebro, se viven con mucha intensidad y suelen ser muy resistentes al olvido. Son las *memorias de impacto* (*flashbulb memories*), pues se establecen al momento, como cuando se hace una fotografía con flash. Hay cierto debate sobre las características específicas y definitorias de estas memorias, pero la más consistente es siempre la de ser memorias autobiográficas vividas con gran intensidad. Las del ataque terrorista en Nueva York han quedado para la historia como el prototipo de memorias instantáneas, pero pueden formarse también por experiencias no traumáticas y menos sorprendentes, como la de la llegada del hombre a la Luna o la del gol de Andrés

Iniesta que le dio a España la victoria frente a Holanda en el mundial de fútbol de Sudáfrica.

Los recuerdos emocionales activan la *amígdala*, una estructura del lóbulo temporal del cerebro (figura 2) muy importante para generar emociones y sentimientos. Cuando, por ejemplo, una persona ve las fotos de sus seres queridos ya fallecidos, del grado de activación de su amígdala depende en buena medida la calidad de su recuerdo, el que sea más completo, vivo y detallado. En un reciente trabajo de investigadores de la Universidad de Nueva York se tomaron neuroimágenes que mostraron efectivamente que cuanto más se activaba la amígdala, mejor era la impresión subjetiva que las personas tenían de sus recuerdos emocionales y mejor eran también los juicios que hacían de los mismos. Eso indica que cuando una persona hace un juicio sobre, por ejemplo, los detalles de una foto, se basa para ello en el grado de excitación emocional que esa foto le produce, es decir, en el aumento emocional y de la sensibilidad perceptiva que genera la activación de su amígdala. Por otro lado, y aunque todavía no sabemos bien por qué, las reacciones emocionales mejoran más el recuerdo retardado que el reciente. Por ejemplo, se recuerdan mejor palabras emocionales al cabo de una hora o un día que inmediatamente después de aprenderlas.

Muchas de las situaciones emocionales que implican amenaza física o la muerte de uno mismo o de otra persona producen horror e indefensión. Algunas de las personas que han sufrido esas amenazas generan un trastorno que les hace revivir frecuentemente la experiencia traumática original. Se ha comprobado que cuando eso les ocurre, es decir, cuando están reviviendo la experiencia, tienen muy activadas la amígdala y la corteza prefrontal. Esa sobreactivación y la liberación de hormonas que tal estado de *estrés postraumático* conlleva, además de producir daños en otras partes del organismo, acaban por dañar el cerebro, particularmente al hipocampo, originando muerte neuronal y un importante déficit de la memoria. Las drogas alucinógenas, como los cannabinoides (marihuana), pueden aumentar también el impacto de los estímulos y situaciones emocionales, lo que incrementa la probabilidad de que puedan ser perjudiciales para la memoria. Actualmente hay laboratorios que trabajan en el estudio de los mecanismos neurales del estrés postraumático con el objetivo de descubrir sustancias químicas que, administradas a quienes lo padecen, puedan curar el trastorno, o incluso impedirlo si se administran preventivamente tras el accidente traumático en personas susceptibles.

El poder de las emociones para potenciar y fijar las memorias queda bien reflejado en la siguiente metáfora. Si intentásemos marcar sobre la piel de una res el símbolo de la empresa ganadera utilizando un molde de hierro frío, la marca, por mucho que presionásemos con el hierro, resultaría efímera. Por el contrario, si el hierro está incandescente, la marca que se establece en el cuerpo del animal es indeleble. De modo similar, las emociones actúan como el fuego que energiza los moldes y mecanismos cerebrales haciendo que las memorias resultantes sean igualmente indelebles.

Cómo la emoción facilita la memoria

Cuando recibimos una noticia que nos impresiona, a la información de la propia noticia se añade en nuestro cerebro la reacción emocional que ella misma suscita. Como parte de esa reacción, la amígdala activa al hipocampo y a la corteza cerebral, estructuras, como ya vimos, encargadas de formar las memorias explícitas y, por tanto, de formar la memoria de esa noticia. Para asegurar que eso ocurre, es decir, para garantizar que aquello que nos emociona queda registrado en la memoria, la amígdala no sólo activa rápida y directamente dichas estructuras, pues lo hace también indirectamente, aunque de un modo más lento, aprovechando las hormonas *adrenalina* y *cortisol* que, como parte integrante de la respuesta emocional, ella misma ordena liberar en la sangre desde las glándulas suprarrenales. La adrenalina viaja entonces en la sangre por todo el organismo, y aunque debido a sus características moleculares no puede atravesar la *barrera hematoencefálica*, es decir, no puede salir de los vasos sanguíneos del cerebro y alcanzar directamente las neuronas, sí que puede activar las ramas terminales del nervio vago, distribuidas por el interior del cuerpo. Cuando eso ocurre, otras ramas de esos mismos nervios que penetran en el cerebro activan retroactivamente a la propia amígdala potenciando aún más su influencia sobre el hipocampo y demás estructuras cerebrales encargadas de formar las memorias.

Más aún, como ya tuvimos ocasión de explicar, otro de los efectos de la adrenalina liberada en situaciones emocionales es el de romper el glucógeno almacenado en el hígado, lo que hace que se liberen en la sangre las moléculas de glucosa resultantes de esa acción y, al alcanzar el cerebro, esa glucosa servirá también como suministro energético para las neuronas encargadas de formar memorias. Todo ello sin descartar la posibilidad de que el efecto de la glucosa sea también indirecto, pues se ha comprobado que su liberación aumenta la actividad de la acetilcolina, un neurotransmisor muy relacionado con la plasticidad sináptica y la adquisición del aprendizaje. El lector recordará además que los astrocitos, un tipo de células gliales que acompañan a las neuronas en el cerebro, son también una fuente de glucógeno cerebral y, por tanto, susceptible de captar la glucosa liberada en situaciones emocionales aumentando de ese modo sus depósitos energéticos utilizables cuando la actividad mental lo requiera. En correspondencia con todo ello, es un hecho demostrado que la inyección de pequeñas cantidades de glucosa en determinadas regiones del cerebro de animales aumenta también la memoria. Los *glucocorticoides* como el cortisol son otras hormonas que facilitan el aprendizaje en curso, con la salvedad de que son moléculas más pequeñas y al ser liposolubles pueden atravesar las membranas y activar directamente las neuronas de estructuras como la amígdala y el hipocampo. Aumentan así la plasticidad de las neuronas y sinapsis de esas estructuras y facilitan con ello la formación de memorias fuertes y de calidad. Una prueba contundente de la importancia de dichas hormonas para la formación de memorias consistentes es que si se inyectan en el sujeto sustancias como los *β-bloqueadores adrenérgicos* que impiden los efectos de hormonas como la adrenalina, las memorias que se forman no resultan fortalecidas, es decir, cuando se impide el efecto de la adrenalina, la facilitación es bloqueada y las memorias que resultan son débiles.

Resumiendo, cuando tenemos una respuesta emocional funciona un bucle de retroalimentación: la amígdala activa directamente a otras partes del cerebro y ordena al mismo tiempo la liberación de hormonas que, a su vez, la activan a ella misma retroactivamente amplificando su propia respuesta y facilitando de ese modo la formación de memorias con contenido emocional. Por tanto y contrariamente al dicho popular, la adrenalina y demás hormonas liberadas en situaciones emocionales no son un producto maligno o de desecho que hay que eliminar del cuerpo sometiéndonos a situaciones de tensión o riesgo, sino sustancias naturales y endógenas que energizan al organismo y facilitan la formación de las memorias de las cosas importantes que nos pasan.

Los trabajos del neurocientífico Ralph Adolphs y otros investigadores norteamericanos han mostrado también que la emoción puede aumentar la memoria, especialmente para algunos detalles relevantes de la situación, sin tener efecto para otros menos importantes. De ese modo, la persona que ha sido víctima de un atraco o un asalto a mano armada, puede que recuerde sobre todo la pistola que le apuntaba y la mano que la empuñaba, no teniendo especial memoria para otros detalles del suceso, como la ropa que vestía el atracador. Probablemente eso es debido a que esos detalles recordados son los que tuvieron más fuerza para activar su amígdala. Quienes hayan de juzgar los recuerdos de un testigo ocular deberían tener en cuenta este tipo de características y especializaciones de los sistemas de memoria del cerebro humano. Ocurre, además, que la emoción no sólo permite recordar más, sino tener el sentimiento de que se recuerda mejor. Es decir, los sucesos altamente emocionales se recuerdan como muy reales y con gran detalle.

Pero el sentido subjetivo del recuerdo emocional incluye no sólo una vivencia intensa del mismo, sino también un sentimiento muy fuerte de que lo que se recuerda fue exactamente lo que pasó. Se ha comprobado que incluso aunque no tengamos más precisión en el recuerdo de una situación emocional que en el de una no emocional, la sensación que tenemos para la emocional es siempre de mayor y de mejor memoria. En general, cuanto más se activa la amígdala durante una situación emocional, mejor es el recuerdo que posteriormente tenemos de ella, especialmente si fue una situación desagradable. Las neuroimágenes en humanos muestran que la actividad de la amígdala se corresponde no sólo con la probabilidad de recordar un suceso emocional sino también con el sentimiento de viveza de ese recuerdo. Dicho de otro modo, el contenido emocional de un suceso o experiencia influye mucho en cómo recordamos esa experiencia, con qué fuerza, y qué detalles de la misma destacamos en el recuerdo, particularmente en los que por ser autobiográficos nos afectan a nosotros mismos. El estado emocional que tenemos en el momento del recuerdo también puede influir en qué aspectos o detalles ponemos de relieve al evocar lo que nos sucedió o vivimos en el pasado.

Las observaciones clínicas confirman cuanto venimos diciendo. Así, las personas a las que, para evitar crisis como las epilépticas o eliminar tumores, se les ha extirpado el lóbulo temporal del cerebro (que contiene la amígdala), o las que tienen la rara enfermedad de Urbach-Wiethe que hace que sus amígdalas estén calcificadas y no funcionen, son personas que no se benefician de los efectos facilitadores de las emociones sobre la memoria. Si, por ejemplo, a esas personas se les pasan películas con contenidos dramáticos e impactantes y también películas con contenidos vulgares y neutros, al cabo de un tiempo se acuerdan por igual de ambos tipos de películas, lo que no ocurre en una persona normal y sana. Igualmente se ha observado que las lesiones de la amígdala impiden que las personas centren sus recuerdos en los aspectos más críticos o impactantes de las situaciones, como la mano que apunta con la pistola.

Pero no todo son ventajas en la influencia de las emociones sobre la memoria. Cuando el impacto emocional de una situación es muy intenso, el exceso de excitación cerebral y de las hormonas liberadas por la reacción, principalmente los glucocorticoides, como ya dijimos, puede tener efectos negativos sobre la salud en general y sobre la memoria en particular. El estrés, por ejemplo, consiste en una reacción emocional más o menos permanente que libera cortisol y adrenalina en la sangre de las personas. Esa continua liberación, además de dañar al sistema cardiovascular y deprimir al sistema inmunológico, resulta también perjudicial para la memoria, pues aumenta considerablemente la muerte de las neuronas en el hipocampo. Otra situación es la ya comentada en que el exceso de emoción resulta perjudicial para quienes sin quererlo crean una memoria indeseable, intensa y persistente tras haber sufrido traumas emocionales en guerras, catástrofes ambientales, atentados terroristas o violaciones.

Los olores y los recuerdos

¡Quién no ha revivido emociones y situaciones de la temprana infancia al abrir un viejo baúl y recibir el impacto oloroso de los viejos juguetes, los vestidos y otros objetos! Los olores evocan mejor que cualquier otro sentido memorias remotas de la infancia, particularmente de los diez primeros años de vida. El escritor Marcel Proust hizo popular su propia experiencia al relatar cómo el comer una magdalena empapada en té le trajo poderosos recuerdos de su niñez. En su caso es algo que pudo ocurrir no sólo por degustar la magdalena en su boca, sino también porque su olor estimuló los receptores de sus fosas nasales interiormente, desde la faringe, es decir, por la llamada estimulación olfatoria retronasal que completa el sentido del gusto y origina los sabores. Más que cualquier otro sentido, el olfato nos devuelve

a

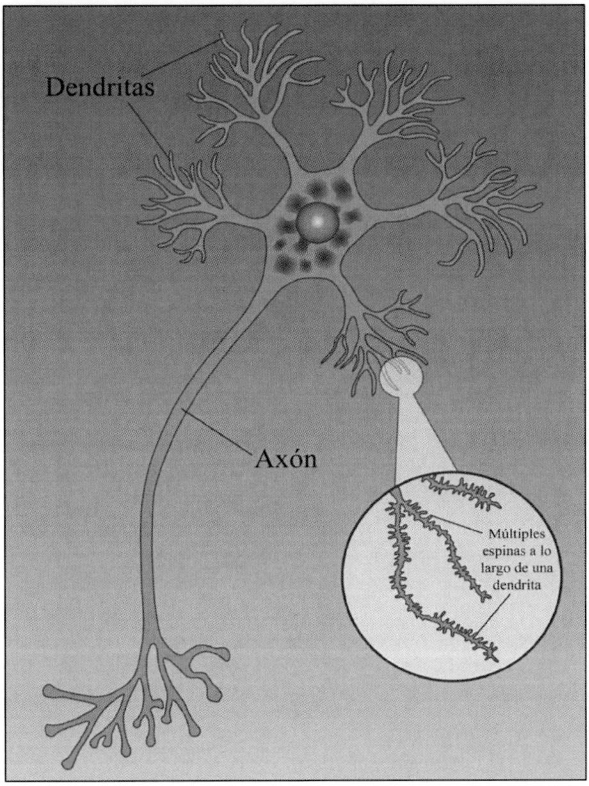

Figura 1. **Neurona**.

a) Neurona típica real, con dendritas y axón. En la ampliación de la derecha se observan las espinas dendríticas.

b) Sinapsis entre dos neuronas, la presináptica y la postsináptica. El neurotransmisor se halla normalmente en pequeñas vesículas dentro de la terminal de la neurona presináptica.

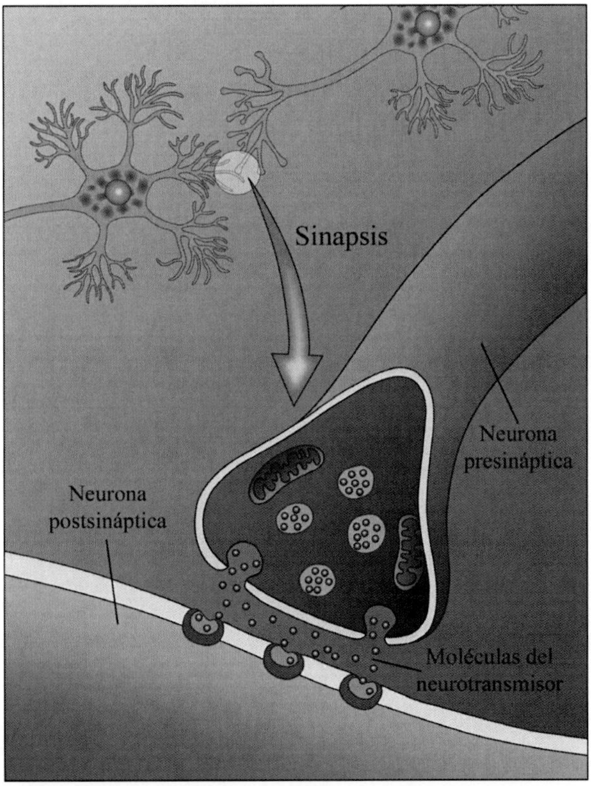

b

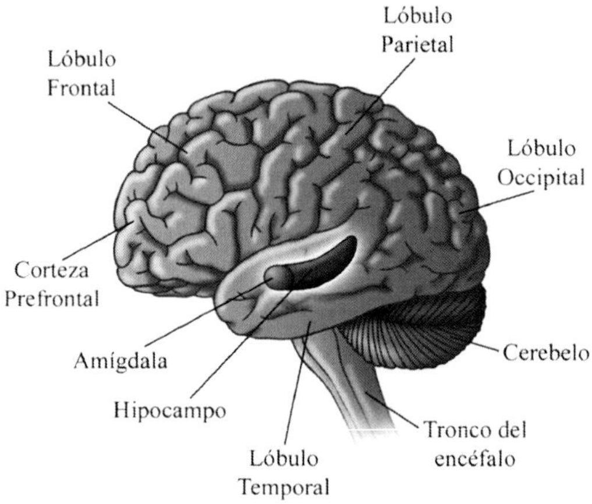
Lóbulo
Parietal
Lóbulo
Frontal
Lóbulo
Occipital
Corteza
Prefrontal
Amígdala
Cerebelo
Hipocampo
Tronco del
encéfalo
Lóbulo
Temporal

a

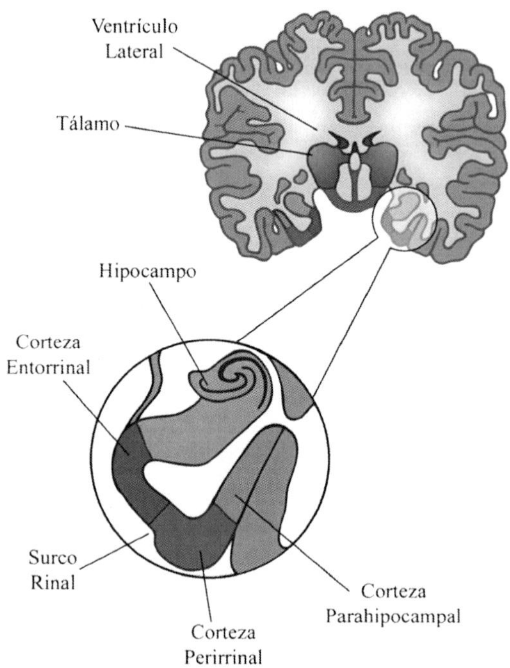
Ventrículo
Lateral
Tálamo
Hipocampo
Corteza
Entorrinal
Surco
Rinal
Corteza
Parahipocampal
Corteza
Perirrinal

b

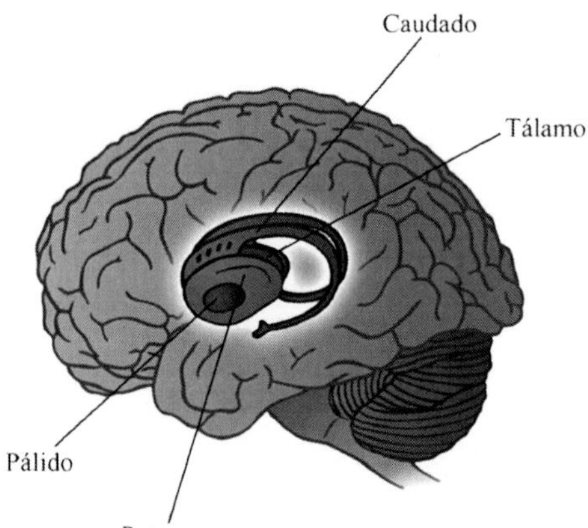
Caudado
Tálamo
Pálido
Putamen

c

Figura 2. **Anatomía del cerebro humano**.

a) Vista lateral del conjunto del encéfalo. Incluyendo sus 4 lóbulos, el cerebelo, el tronco y la posición en su interior del hipocampo y la amígdala.

b) Vista de un corte frontal del cerebro con ampliación de las principales estructuras del lóbulo temporal medial.

c) Vista lateral del encéfalo con la posición en su interior de los ganglios basales, los cuales incluyen a los núcleos estriados (caudado, putamen y pálido). El hipocampo, a su vez, se compone de dos partes principales, la circunvolución dentada y el hipocampo propiamente dicho.

←

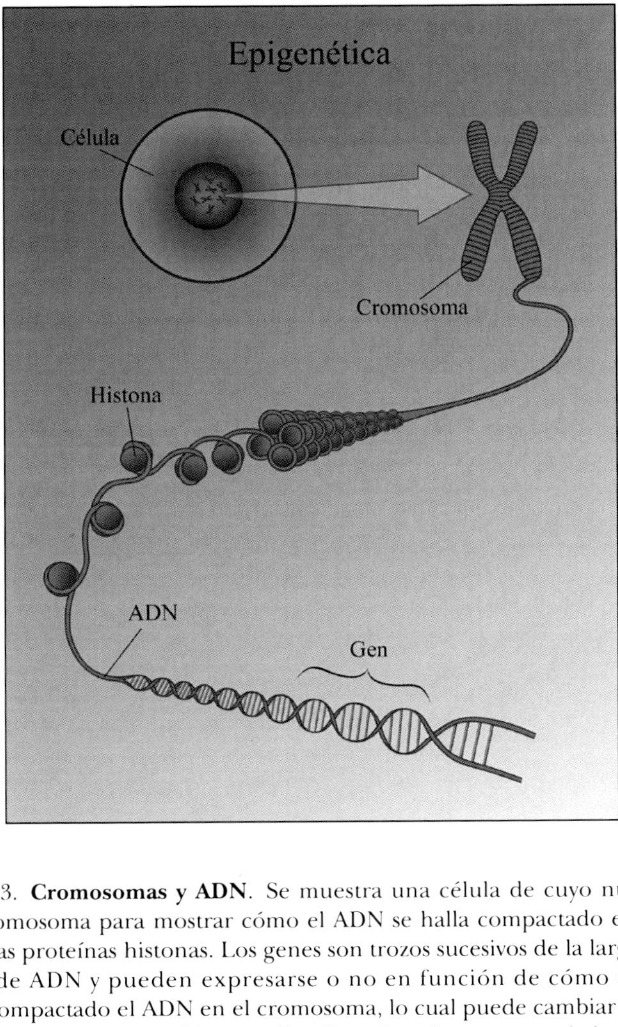

Figura 3. **Cromosomas y ADN**. Se muestra una célula de cuyo núcleo se extrae un cromosoma para mostrar cómo el ADN se halla compactado en el mismo mediante las proteínas histonas. Los genes son trozos sucesivos de la larga molécula helicoidal de ADN y pueden expresarse o no en función de cómo está estructurado y compactado el ADN en el cromosoma, lo cual puede cambiar si cambia la estructura bioquímica de las histonas. En ello se basa buena parte de la epigenética.

Figura 4. **Aprendizajes que muestran la función relacional del hipocampo en la rata**. Cada ensayo de pares de olores asociados consiste en una muestra primero y una elección después.

a) En la muestra se le presenta a la rata un único recipiente con un determinado olor (A) y el animal escarba en él para sacar y comer un cereal. Después se le presentan dos recipientes cada uno de ellos con un nuevo olor diferente del de la muestra (B y C). Uno de esos dos recipientes, el que el experimentador decide asociar a la muestra (por ejemplo, el C), contiene ahora el cereal. La rata ha de elegir en cuál escarba ya que sólo se le da una opción para obtenerlo. Igual que en una asociación de pares de palabras en humanos, con los sucesivos ensayos el animal aprende a asociar el olor de la muestra (A) con el que contiene el refuerzo para poder realizar la elección adecuada (C).

b) Cuando los animales adquieren la asociación, se los entrena de modo similar a asociar el olor B con un tercer olor (C) y éste con otro (D).

c) Por fin, tras estas sucesivas asociaciones se realizan las pruebas críticas de memoria que consisten en ver si después de todo ese entrenamiento las ratas son capaces de asociar dos olores —como, por ejemplo, el B y el D— que nunca antes habían sido presentados juntos. Es decir, se trata de ver si las ratas, tras las premisas entrenadas, pueden inferir nuevas asociaciones. Ésa es la prueba de transitividad. Una prueba diferente consiste en comprobar si las ratas responden adecuadamente con independencia de cuál de los dos olores de cada par asociado se presenta inicialmente como estímulo (prueba de simetría). Los resultados obtenidos en estos experimentos muestran claramente que, aunque tanto las ratas normales como las ratas con lesiones del hipocampo aprenden normalmente las asociaciones básicas, es decir, las premisas, las ratas con lesiones en el hipocampo fallan tanto en las pruebas de transitividad como en las de simetría, es decir, no son capaces de establecer las relaciones que permiten las inferencias.

Modificado de Eichenbaum H., Dudchenko E.W., Shapiro M., y Tanila H. (1999) The hippocampus, memory and place cells;It is spatial memory or a memory space. Neuron 23: 209-226.

⟶

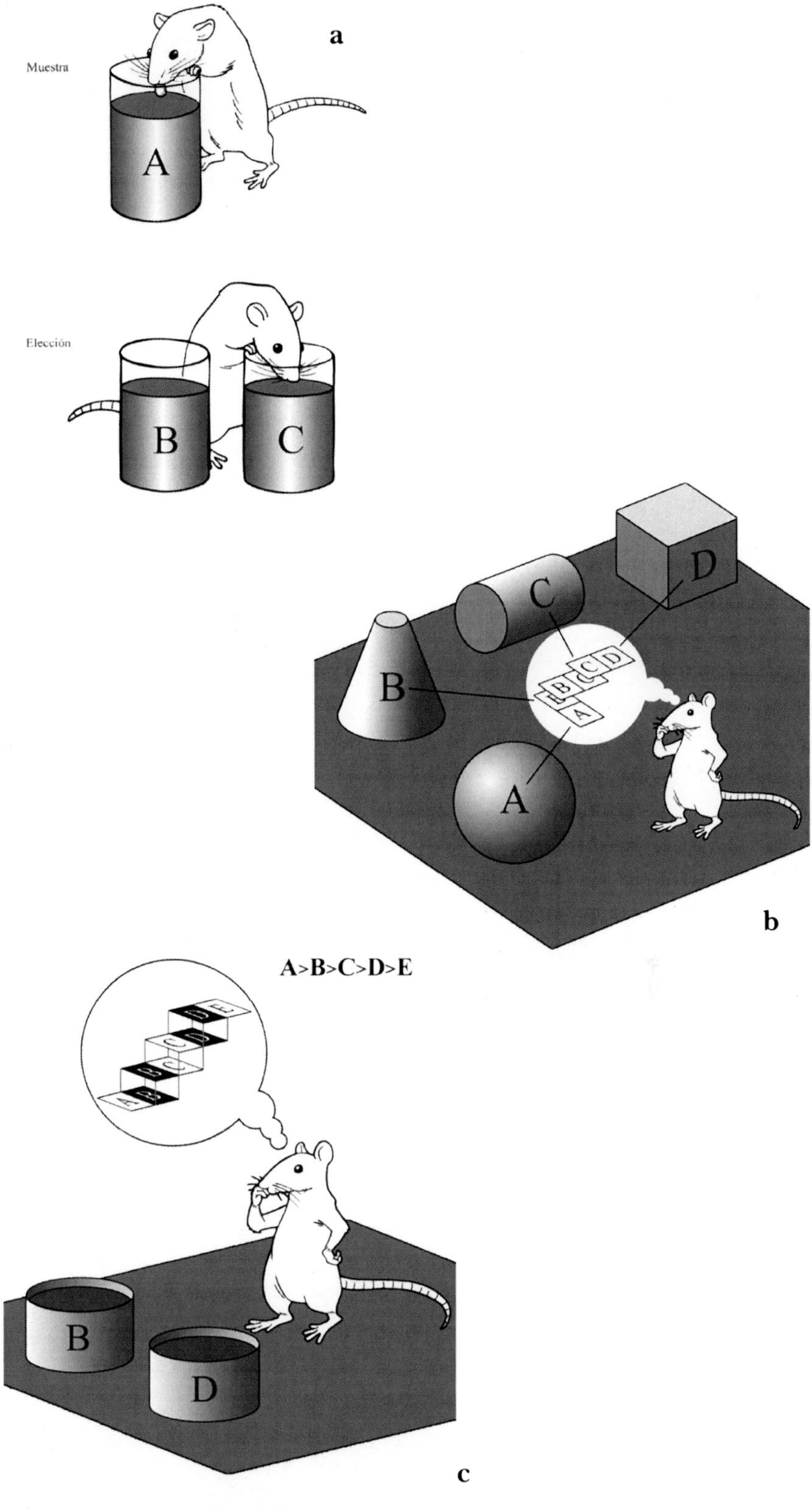
a
Muestra
A
Elección
B
C
C
D
B
A
b
A>B>C>D>E
B
D
c

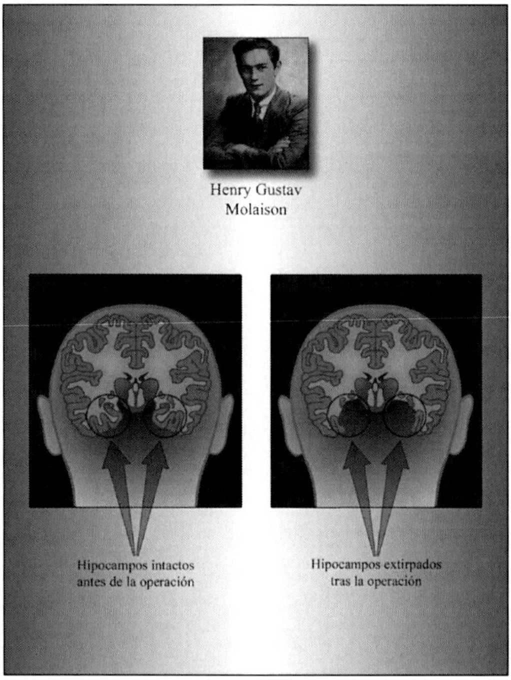

Figura 5. Neuroimágenes estructurales del cerebro de HM antes y después de la operación en la que se le extirpó buena parte de ambos hipocampos.

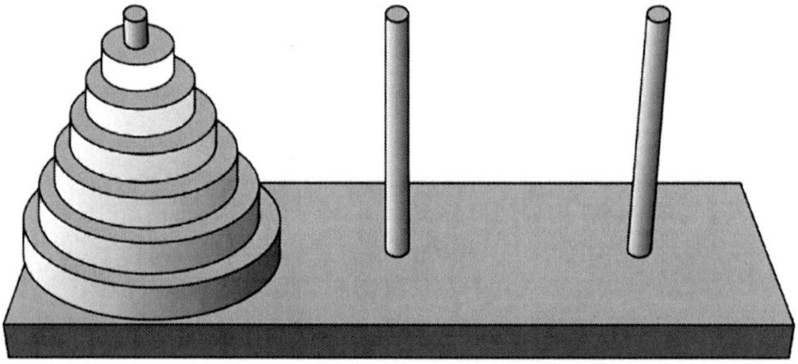

Figura 6. **Torre de Hanói**. Aprendizaje que consiste en pasar todos los discos del eje en que están a cualquiera de los otros dos ejes haciendo todos los movimientos necesarios, pero sin poner nunca un disco mayor encima de otro menor. Los enfermos amnésicos (con lesiones en el hipocampo) aprenden a hacerlo, pero no recuerdan la experiencia de haber practicado. Por el contrario, los enfermos de Parkinson recuerdan bien esa experiencia, pero no consiguen aprender la tarea. Los primeros tienen incapacidad para formar memorias explícitas y los segundos la tienen para formar memorias implícitas.

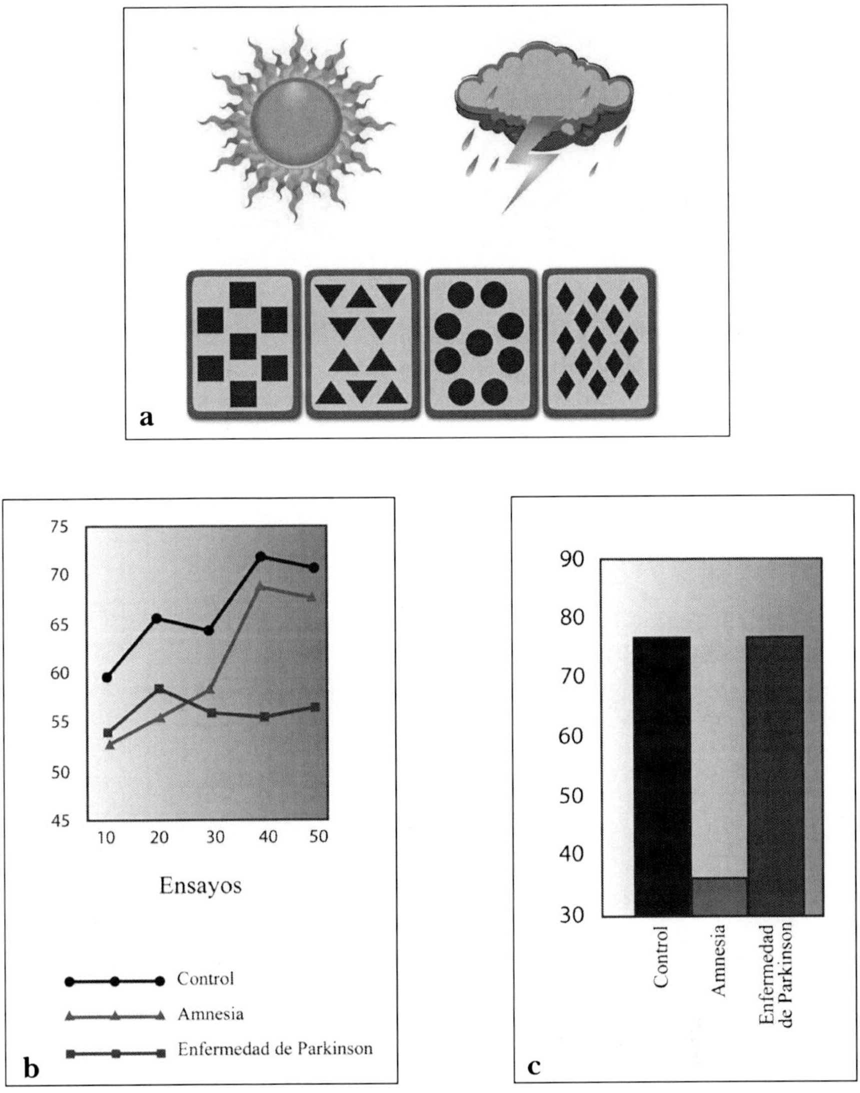

Figura 7. **Aprendizaje probabilístico**. Consiste en adivinar si el tiempo va a ser lluvioso o soleado en base a la combinación de 4 cartas que aparecen en la pantalla de un ordenador. Una determinada combinación predice sol y otra lluvia, pero no siempre, sólo un porcentaje de las veces que aparecen en pantalla. Es por eso que, para aprender la respuesta correcta en cada caso, los sujetos tienen que practicar mucho.

a) Ejemplo de un estímulo.

b) Respuestas correctas de cada tipo de pacientes en los ensayos sucesivos.

c) Nivel de recuerdo que cada tipo de pacientes tenía sobre la tarea realizada. Al igual que en la torre de Hanoi, los enfermos amnésicos aprenden pero no recuerdan haber practicado, y los de Parkinson, al revés, recuerdan la experiencia de practicar, pero apenas aprenden.

Modificado de Knowlton B.J., Mangels J.A., y Squire, L.R. (1996). A neostriatal habit learning system in humans. Science 273: 1399-1402.

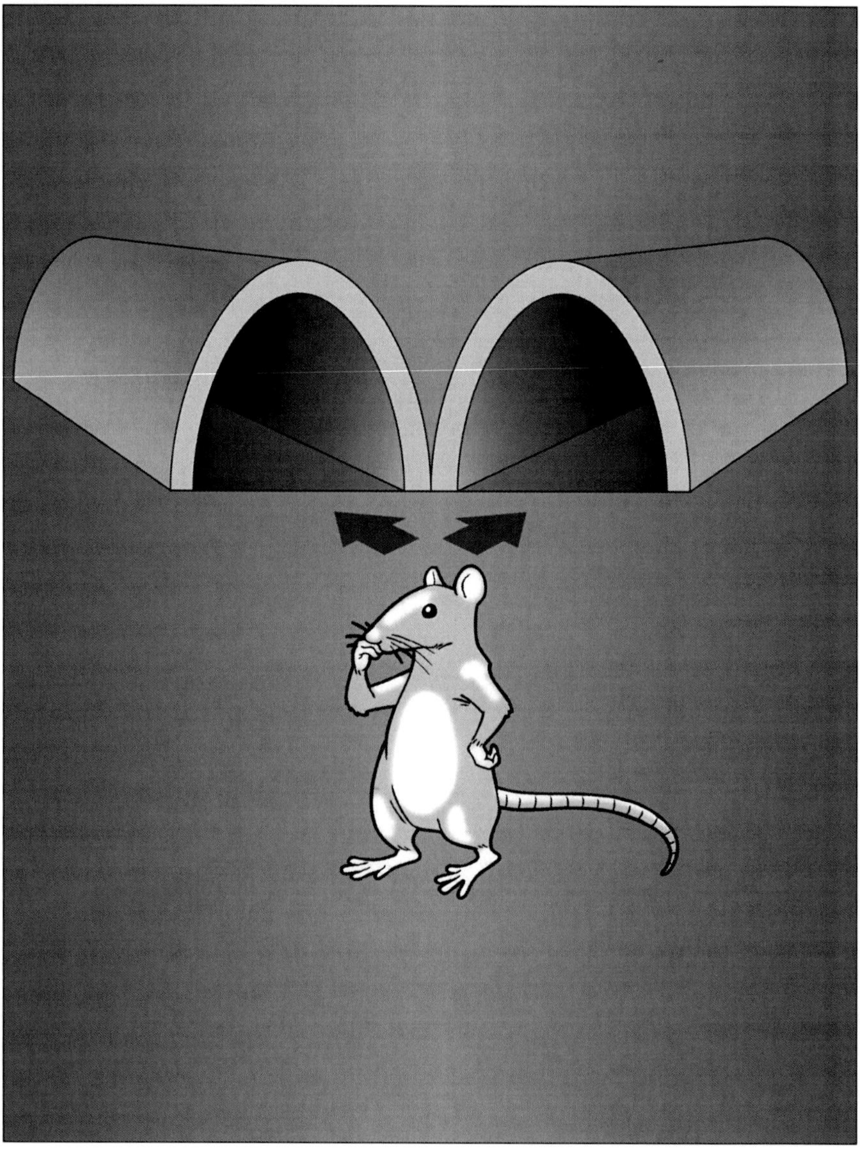

Figura 8. **Mecanismo neuronal del recuerdo**. Cuando una rata trata de recordar si es el pasillo de la derecha o el de la izquierda el que conduce a la comida, las células de lugar de su hipocampo se activan en las mismas secuencias que lo hicieron cuando recorrió anteriormente esos pasillos. Es como si imaginara mentalmente esos diferentes recorridos tratando de recordar cuál es el correcto. Se ha comprobado que cuanto más se producen esas activaciones, menos se equivoca la rata cuando toma finalmente la decisión. Podríamos decir entonces que cuanto más se lo piensa antes de decidir, menos se equivoca.

Modificado de Eichenbaun H. (2013) Hippocampus: remembering the choices. Neuron 77(6):999-1001.

Figura 9. **Disponible, pero no accesible**. El olvido no siempre significa una pérdida de la memoria. En muchas ocasiones, como ocurre con la doncella de la figura, la memoria puede estar disponible pero, por alguna razón, no ser accesible.

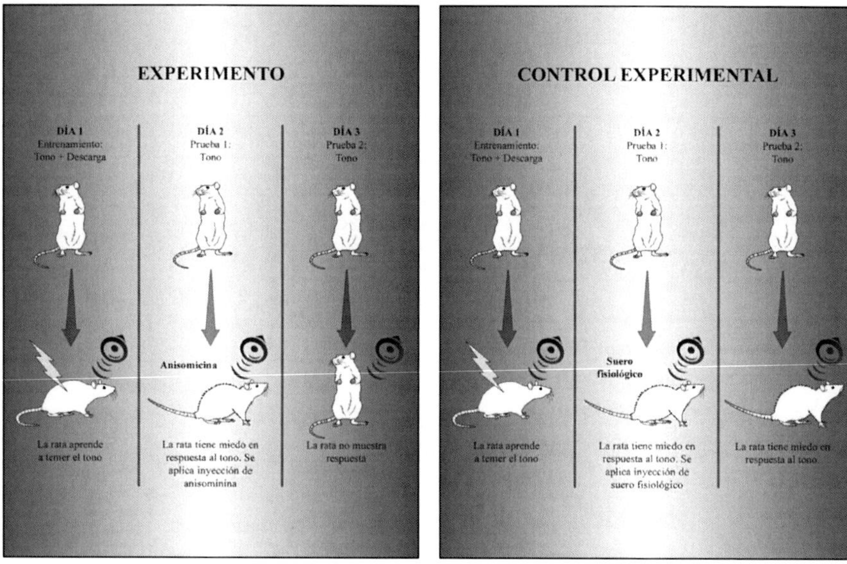

a **b**

c

Figura 10. **Reconsolidación de una memoria de miedo en la rata**.

a) En el día 1, la rata es entrenada para asociar un tono a una descarga eléctrica en sus patas. En el día 2, tras la sola presentación del tono, la rata se queda inmóvil, es decir, tiene una respuesta de miedo. En ese momento se le inyecta anisomicina, un antibiótico que impide la síntesis de proteínas. Esa inyección en el momento en que la memoria está reactivada y es, por tanto, frágil, impide que vuelva a consolidarse, es decir, impide que la memoria se reconsolide volviéndose de nuevo fuerte. Es por eso que, en el día 3, la presentación del tono ya no produce miedo en la rata.

b) En la rata de control experimental, el proceso es el mismo, pero aquí, en vez de inyectarle anisomicina se le inyecta suero fisiológico, una sustancia inocua. En este caso, la memoria sí se reconsolida y, por tanto, la rata vuelve a tener miedo cuando se le presenta de nuevo el tono en el día 3.

c) En cierto modo, la activación de una memoria equivale a abrir el recipiente que la contiene para poder entonces penetrar en ella y modificarla o suprimirla.

Modificado de Nader K, Schafe GE y Le Doux JE (2000). Fear memories require protein synthesis in the amygdala for reconsolidation after retrieval. Nature 406, 722-726

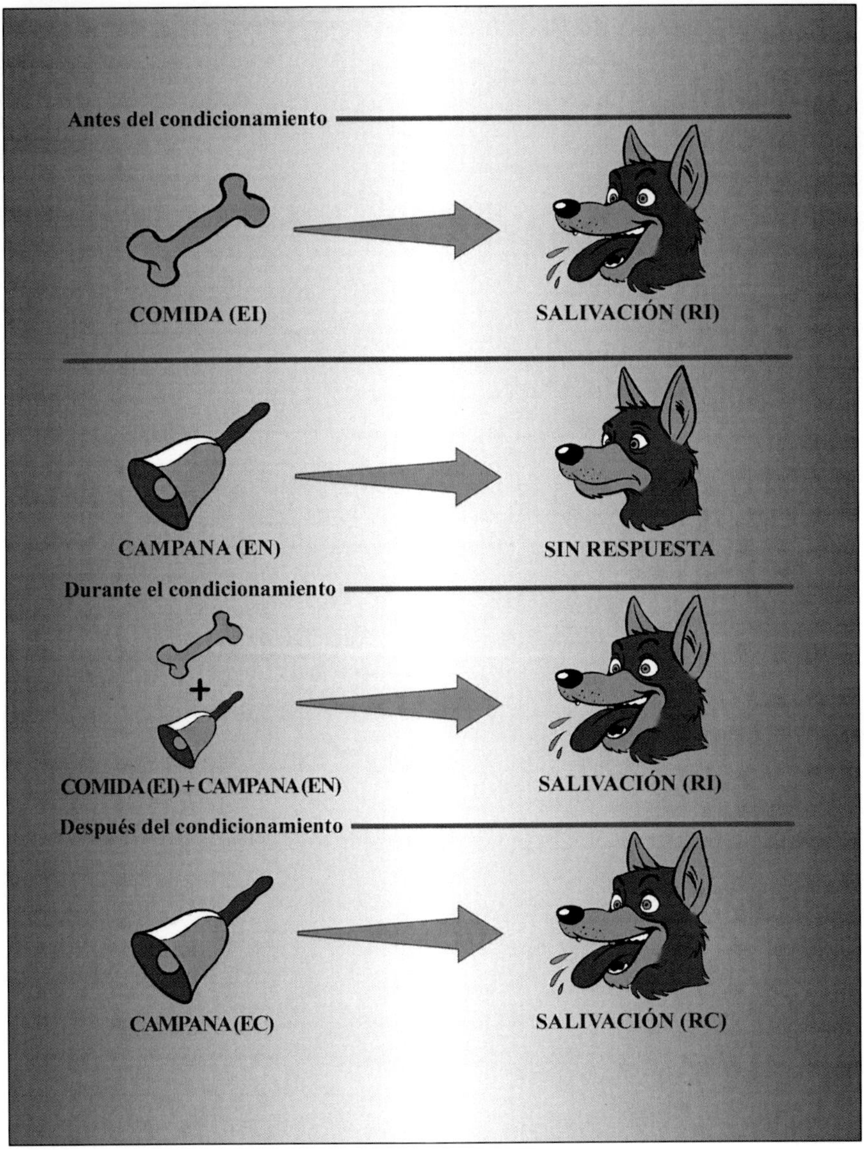

Figura 11. **Extinción del aprendizaje**. En el experimento clásico de Pavlov, el perro aprende a asociar el sonido de una campana (estímulo inicialmente neutro, EN) a la comida (estímulo que produce salivación incondicionalmente, EI). Cuando ambos se presentan juntos (EN + EI), la campana se convierte en un estímulo condicionado (EC) capaz, por tanto, de producir salivación (respuesta condicionada, RC) posteriormente sin necesidad de acompañarse de la comida. Pero si se presenta repetidamente el sonido de la campana (EC) sin ir seguido de la comida (EI), la respuesta condicionada de salivar (RC) deja de producirse, es decir, se extingue.

Figura 12. **Potenciación de la memoria durante el sueño presentando estímulos asociados al aprendizaje previo**.

a) Una rata fue entrenada para correr hacia la derecha o hacia la izquierda en respuesta a diferentes tonos sonoros. Cada una de esas carreras produjo una actividad específica en las neuronas de su hipocampo (A1 actividad hacia la izquierda y A2 actividad hacia la derecha).

b) Ambas actividades se volvieron a repetir espontáneamente en el hipocampo durante el sueño posterior. Sin embargo, se repetía más la correspondiente a la carrera hacia la izquierda o hacia la derecha si durante el sueño se hacía sonar de nuevo el tono correspondiente a cada una de ellas.

c) El sonido de cada tono es procesado en las áreas sensoriales de la neocorteza cerebral, las cuales podrían entonces enviar señales al hipocampo para reactivar y fortalecer las memorias asociadas a cada uno de esos sonidos.

Modificado de Kelemen E .y Born J. (2012). Sleep tight, wake up bright. Nature Neuroscience 15: 1327–1329.

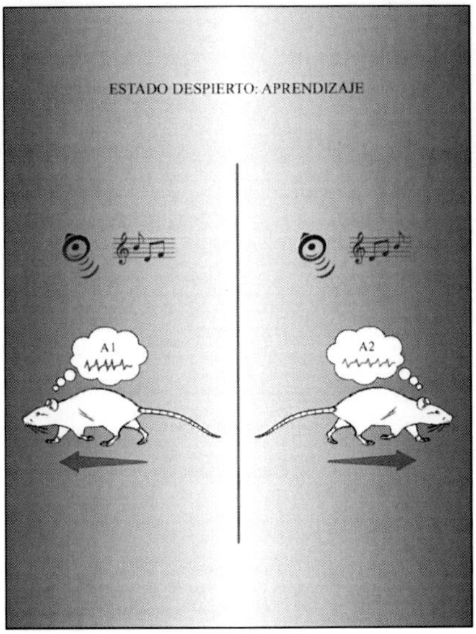
ESTADO DESPIERTO: APRENDIZAJE
A1
A2

a

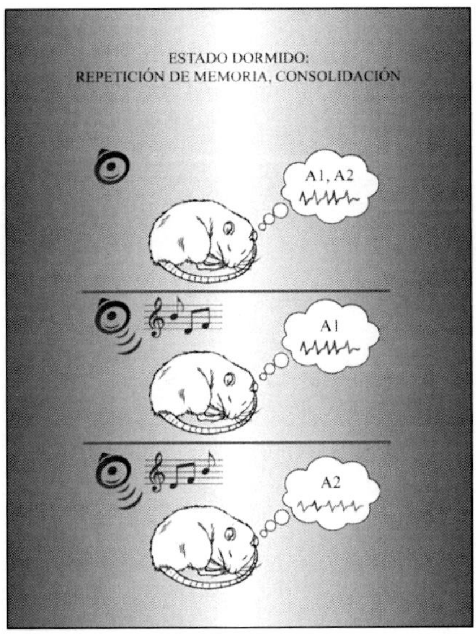
ESTADO DORMIDO:
REPETICIÓN DE MEMORIA, CONSOLIDACIÓN
A1, A2
A1
A2

b

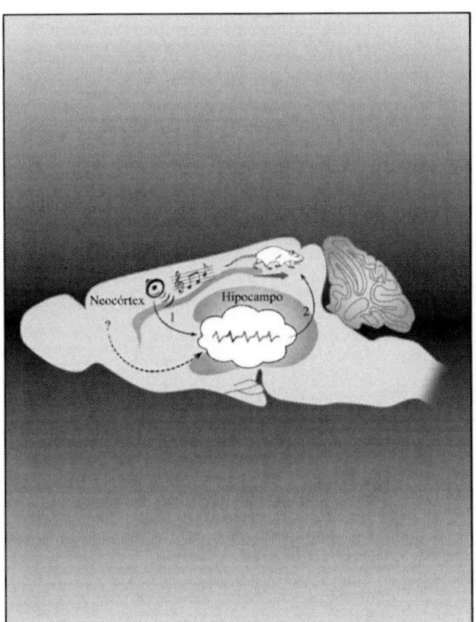
Neocórtex
Hipocampo
?
1
2

c

Figura 13. Facilitación del aprendizaje y la memoria por autoestimulación eléctrica intracraneal postentrenamiento (AEIC) en ratas poco aprendedoras y muy aprendedoras.

a) La tarea consistió en un aprendizaje de evitación activa de dos sentidos en que las ratas tenían que aprender a saltar al otro lado de un compartimento cuando un tono sonoro les avisaba de la inminente llegada de una descarga eléctrica en sus patas.

b) Tratamiento de AEIC que recibían las ratas experimentales después de cada sesión de aprendizaje. Las ratas presionan voluntariamente una palanca que activa un dispositivo que hace que les llegue una pequeña corriente eléctrica a una zona de su cerebro cuya activación produce placer.

c) En la prueba posterior de memoria se observa como las ratas que aprendieron poco pero recibieron el tratamiento de AEIC se igualaron en memoria de lo aprendido a las que aprendieron mucho pero no recibieron ese mismo tratamiento. Estos resultados muestran que la estimulación eléctrica del cerebro tras el entrenamiento puede servir para facilitar la memoria de las ratas con poca capacidad de aprendizaje igualándola a la de las ratas con mucha capacidad de aprendizaje.

De Aldavert-Vera L., Segura-Torres P, Costa-Miserachs D y Morgado-Bernal I (1996). Shuttle-box memory facilitation by post-training intracranial self-stimulation: Differential effects in rats with high and low basic conditioning levels. Behavioral Neuroscience 110(2): 346-352.

⟶

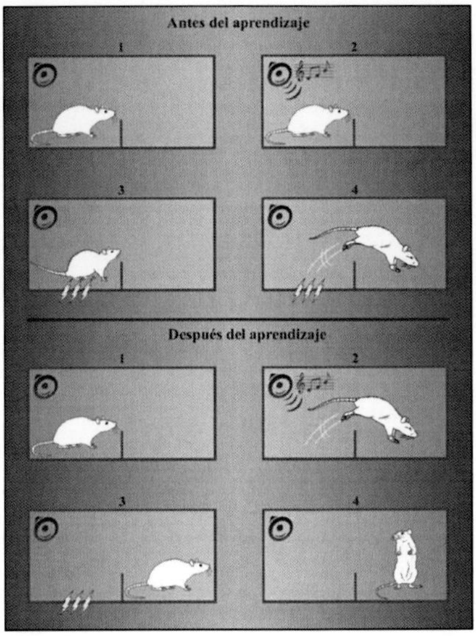
Antes del aprendizaje
1
2
3
4
Después del aprendizaje
1
2
3
4

a

TRATAMIENTO DE AEIC

b

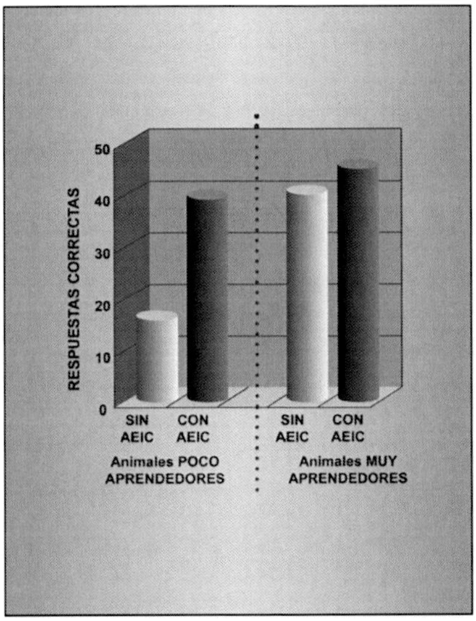
RESPUESTAS CORRECTAS
50
40
30
20
10
0
SIN AEIC
CON AEIC
SIN AEIC
CON AEIC
Animales POCO APRENDEDORES
Animales MUY APRENDEDORES

c

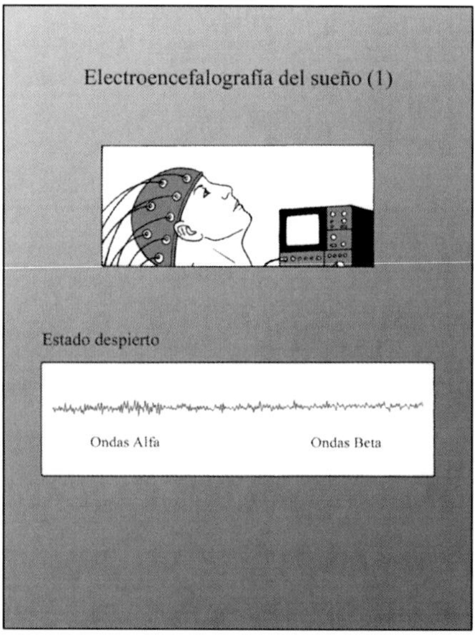

a

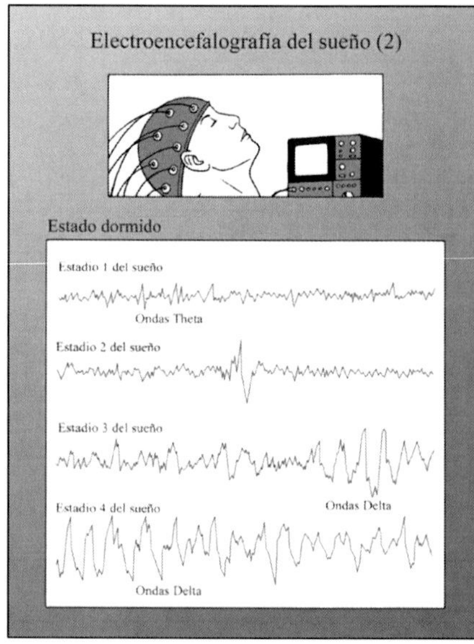

b

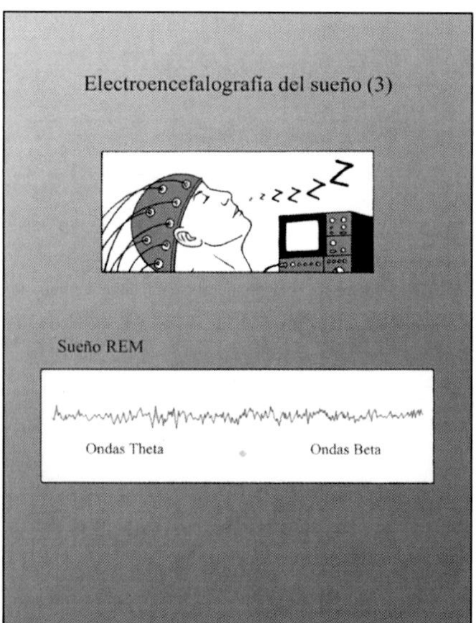

c

Figura 14. **Electroencefalografía del sueño**.

a) Ondas de alta frecuencia y baja amplitud (ondas alfa y beta) que ocurren cuando estamos despiertos.

b) Ondas progresivamente de menor frecuencia y mayor amplitud correspondientes a los sucesivos estadios (1 a 4) del sueño de ondas lentas.

c) Ondas nuevamente de alta frecuencia y baja amplitud (ondas theta y beta) que se observan durante el sueño REM, también llamado sueño paradójico.

al pasado creando de un modo muy vivo la sensación de «estar allí», de revivirlo intensamente. No obstante, en contra de lo que a veces se piensa, el olfato no llega a ser tan eficiente como la visión o la audición para recordar memorias explícitas, es decir, para evocar experiencias y hechos de nuestro pasado. Lo que ocurre a veces, y puede confundirnos, es que el olfato, además de sus sensaciones específicas, evoca también memorias visuales o auditivas que ayudan a retrotraer con más fuerza las memorias semánticas o episódicas asociadas a los olores. Son esas otras memorias visuales y auditivas las que nos permiten recordar los detalles de las experiencias pasadas. Tampoco tenemos pruebas de que el olfato sea más potente que otros sentidos para evocar memorias remotas cuando no tienen contenido emocional.

Otra capacidad especial de la memoria olfativa humana es la de detectar similitudes o diferencias entre un olor presente y olores pasados, de tal modo que solemos saber si el olor que percibimos es nuevo o si lo hemos percibido anteriormente. En el pasado evolutivo, esa capacidad de reconocimiento de olores nuevos ha tenido un gran valor adaptativo, es decir, ha sido muy importante para la supervivencia de los animales y las especies. Un buen ejemplo de ello es la transferencia de información olfatoria sobre si un alimento es o no comestible. A través de su aliento, las ratas y otros mamíferos se transfieren entre ellos información olorosa sobre la comida ingerida. De ese modo, cuando una rata huele el aliento que exhala otra rata que acaba de comer algo, retiene en su memoria la información sobre ese olor y en el futuro preferirá la comida que huela a él antes que cualquier otra. La rata, por supuesto, no lo sabe, pero su memoria y esa conducta instintiva protegen su vida al hacer que prefiera comidas que otros congéneres ya han ingerido sin enfermar o morirse por ello. Es lo que los psicólogos y neurocientíficos llamamos *transmisión social de preferencias alimenticias*. Nosotros también rechazamos las comidas con olores que denotan enfermedad o daño corporal, como el olor a podrido. y también otros tipos de olores desagradables asociados a comidas que en el pasado nos produjeron daño o indigestión.

Sin embargo, los humanos no tenemos la capacidad de recordar olores que hayamos sentido en el pasado del mismo modo en que lo hacemos con los estímulos visuales o auditivos. Podemos recordar mentalmente una experiencia visual anterior o una melodía musical, pero nos resulta muy difícil evocar del mismo modo una experiencia olorosa vivida con anterioridad. Tampoco nos resulta fácil imaginar o pensar en olores del mismo modo en que imaginamos o pensamos en colores o sonidos. Podemos imaginar el color verde o el sonido de una trompeta, pero para sentir el olor del azahar necesitamos estar frente a un naranjo florido. Los perfumistas, los cocineros y los catadores de vinos afirman ser capaces de imaginar olores, pero no tenemos claro en qué medida lo consiguen. Aunque sabemos que el cerebro olfatorio se activa cuando tratamos de imaginar un olor, sospechamos que no lo hace lo suficiente como para que lo percibamos de un modo consciente. Algo que ayuda a imaginar un olor es esnifar cuando lo intentamos. Cuando, por ejemplo, tratamos de imaginar un olor placentero, como el de la menta, esnifamos más fuerte que si intentamos imaginar el olor del cubo de la basura. Y la prueba de que el esnifar ayuda a imaginar olores es que, si nos tapamos la nariz, perdemos capacidad para hacerlo ya que el impacto emocional que conseguimos es menor.

Cómo acceden los olores al pasado remoto

La mayoría de las capacidades olfativas que acabamos de explicar tienen que ver con las rígidas conexiones que la selección natural estableció ancestralmente, hace miles de millones de años, entre las neuronas de los circuitos cerebrales que procesan el olfato y las de los que procesan las emociones y la memoria, asegurando de ese modo que los estímulos asociados a cosas importantes para la supervivencia, como la comida, el sexo y los peligros, no se olvidasen por mucho tiempo que hubiera transcurrido. El cerebro procesa la información olfatoria recibida de los receptores de las fosas nasales primero en el *bulbo olfatorio*, una estructura peculiar, con forma de la cabeza de una cerilla que todos tenemos en el interior del cráneo, justo por encima de la nariz. Después del bulbo la información olfatoria sigue procesándose en la *corteza piriforme*, situada en el lóbulo temporal del cerebro. En esa corteza los estímulos olfatorios son percibidos conscientemente e identificados. Gracias a ella olemos y reconocemos, por ejemplo, un determinado perfume o que algo se está quemando.

Tanto la información olfatoria aún poco procesada procedente del bulbo olfatorio, como la ya muy procesada procedente de la corteza piriforme, llegan también a otras partes del cerebro, como la amígdala o la corteza insular, ambas muy implicadas en las emociones y los sentimientos. Ésa es la razón por la que muchos olores tienen tanta fuerza para producir reacciones emocionales, muchas de las cuales son innatas. El mejor ejemplo es quizá la reacción de asco que produce en cualquier persona el olor de una comida en mal estado. Ese asco nos hace evitarla, protegiendo nuestra salud. La información olfatoria llega también a la corteza entorrinal y el hipocampo, regiones del cerebro implicadas en la formación de memorias, y eso es lo que hace que un olor pueda recordarnos a una determinada persona o lugar, o que rechacemos por su olor la comida que nos produjo indigestión y malestar, aunque el olor mismo de esa comida no tuviera que ver con ello. Gracias a todas esas conexiones podemos emocionarnos al recordar a una determinada persona cuando olemos el perfume que tenemos asociado a ella.

Nuestro evolucionado cerebro tiene, como sabemos, otros medios, además del olfato, para recordar lo importante de nuestro pasado, pero, como la evolución ha sido siempre conservadora, aún retiene, sin necesitarlo, el tipo de organización que permite a los olores un acceso especial al pasado remoto. Para garantizar ese efecto ocurre además que cuando un olor ya está asociado a alguna cosa o experiencia anterior, es muy difícil disociarlo de esa experiencia y asociarlo a otra más nueva, salvo que esta última sea de alta intensidad emocional. Si, por ejemplo, tenemos asociado un olor al lugar donde una comida nos produjo indigestión, no resulta nada fácil deshacer esa conexión y asociar ahora el olor a una nueva comida o a un nuevo lugar, pues al percibirlo nos viene a la consciencia automáticamente la asociación primitiva y la sensación de asco, sin que podamos evitarlo. Es lo que en psicología llamamos interferencia proactiva, que, en contraste, no ocurre igualmente con la visión o el lenguaje, pues las nuevas memorias visuales o verbales borran a las antiguas con mucha más facilidad. En definitiva, aunque en ocasiones solemos minusvalorar nuestro sentido del olfato, seguimos utilizándolo y valiéndonos de él, muchas veces inconscientemente, para recordar cosas que han sido y son importantes en nuestra vida.

Qué es el olvido y por qué olvidamos

Cuando recordar no pueda,
¿Dónde mi recuerdo irá?
Una cosa es el recuerdo,
y otra cosa es recordar.

ANTONIO MACHADO

Aunque el proceso cerebral por el que las emociones seleccionan los recuerdos es automático y en la mayoría de las personas funciona con bastante eficacia, hay situaciones en que estamos preocupados porque incluso lo que consideramos importante parece quedar fuera de la memoria, siendo imposible o difícil de recordar. Una de esas situaciones es la del estudiante que se dice incapaz de retener la información que estudia, y olvida, o cree olvidar, casi todo lo que supuestamente aprende. Otro caso muy frecuente es el de quienes al llegar a una determinada edad, alrededor de los 50 años, ven amenazada su salud mental al percatarse de inesperadas dificultades para recordar cosas como el nombre de personas, películas o lugares conocidos. ¿Tendré la enfermedad de Alzheimer? es la pregunta que más frecuentemente, con temor contenido, se hacen a sí mismas esas personas. Nadie debería preocuparse más de lo necesario en tales circunstancias, pues el olvido, aunque aparente, no siempre lo es, y aunque lo sea, sus causas pueden variar y ser naturales y asumibles.

La pregunta entonces es, ¿qué es el olvido? ¿Un proceso pasivo de pérdida de la memoria, o un proceso activo que inhibe su expresión impidiendo el recuerdo? Cuando olvidamos algo, ¿esa memoria ya no existe en nuestro cerebro y nuestra mente o sólo es temporalmente inaccesible? Ambas cosas son posibles. Por un lado, el olvido de una memoria consolidada puede significar una desaparición real de esa memoria por la pérdida física de los circuitos neuronales y/o de las sinapsis o las neuronas que la sustentan. Una pérdida concreta podría ser la de los circuitos hipocampales que indexan o relacionan entre ellas las representaciones corticales que integran un episodio o memoria. Esa pérdida a su vez podría deberse a la falta de uso de esos circuitos o a procesos de interferencia ocurridos muy pronto tras el aprendizaje inicial. Si, como ya dijimos, la separación de los patrones de representación de memorias en la corteza cerebral que hace posible el hipocampo se pierde por alteración de los circuitos de este último, la interferencia entre las representaciones corticales que componen una misma memoria podría aumentar, sobre todo si no ha pasado suficiente tiempo para que el conjunto de esas representaciones se haya fortalecido como tal en la propia corteza prescindiendo ya del hipocampo.

De hecho, las interferencias entre informaciones diferentes se consideran la causa principal de nuestros frecuentes olvidos cotidianos. Un caso particular es aquel en el que la irrupción mental de viejas e irrelevantes memorias impide evocar las deseadas. Esas viejas memorias pueden ser generadas internamente y sobreponerse a las que de manera normal debería evocar una situación particular. No necesariamente ha de haber una enfermedad cerebral para que eso ocurra, pero experimentos recientes con ratones transgénicos han demostrado que en casos de neurodegeneración, como en la enfermedad de Alzheimer, eso podría ocurrir con más intensidad y frecuencia de las habituales, y ser incluso parte importante de lo que impide el recuerdo normal. En esos experimentos se ha comprobado que los ratones tratados genéticamente para sobreexpresar en su cerebro la *proteína tau*, imitando así lo que ocurre en el cerebro de los enfermos de Alzheimer, no sólo pierden más neuronas de lo normal cuando envejecen, sino que las células de lugar de su hipocampo se activan en secuencias que no corresponden al lugar donde el animal se encuentra, sino probablemente a secuencias correspondientes a otros lugares donde estuvo antes y que ahora son internamente evocados de manera anormal, impidiendo el recuerdo del lugar donde el ratón se encuentra en ese momento.

También es posible que olvidemos las viejas memorias porque posteriormente adquirimos otras que pueden interferir con ellas u ocupar su lugar en los circuitos cerebrales. No obstante, hay experimentos que muestran que tenemos una cierta protección contra ese peligro, pues otra de las cosas que hace el hipocampo es reactivar las viejas memorias cuando se forman las nuevas. En efecto, experimentos recientes con neuroimágenes funcionales muestran que la activación del hipocampo durante un nuevo aprendizaje, además de servir para formar las nuevas memorias relacionadas con ese aprendizaje, predice no sólo que las viejas memorias van a ser más resistentes al olvido, sino también quiénes son los individuos con menos susceptibilidad para olvidar. Cuando hay solapamiento entre viejas y nuevas memorias, al mismo tiempo que el hipocampo y correlativamente con él, se activan regiones frontales y de los núcleos estriados que representan las recompensas o valores asociados a las memorias antiguas. Los investigadores suponen que esa reactivación podría ser el mecanismo por el que el hipocampo, al mismo tiempo que contribuye a formar nuevas memorias, actúa para impedir el olvido de las viejas. Quizá por todo ello algunos investigadores consideran también que el olvido es una consecuencia directa de que nuestro sistema de memoria sea promiscuo, es decir, de que sea un sistema que al tener acceso a una gran cantidad de información no puede evitar las interferencias entre los muchos ítems que codifica.

No obstante, en otras muchas ocasiones el olvido no es más que una incapacidad temporal para acceder a la información buscada. La memoria puede estar disponible, pero no accesible (figura 9). Todos hemos vivido situaciones en las que lo que en un momento determinado se pretende recordar sin conseguirlo nos viene a la memoria algún tiempo después, al cambiar de lugar o circunstancias. Un caso típico es el de movernos de un lugar a otro de nuestra casa, por ejemplo, de la sala de estar a la cocina, y al llegar a ésta, confundidos, nos preguntamos ¿qué he venido a hacer aquí?, y no lo conseguimos recordar. La mejor manera, y a veces la única, de recordarlo consiste entonces en volver al lugar de donde veníamos, la sala de estar en este caso. Una vez allí, al ver una taza de café caliente sobre la mesa, inmediatamente recordamos que lo que fuimos a buscar a la cocina era una cucharilla para ponerle azúcar.

Igualmente puede ocurrir que lo que nos haga recordar no sea el cambio de lugar o situación externa, sino el estado de nuestro cuerpo, la situación interna del mismo. Es así porque cuando aprendemos o adquirimos una determinada información en un determinado estado físico, por ejemplo, cansados o bajo los efectos de alguna droga estimulante, puede que tengamos dificultades para recordar esa información si cuando pretendemos hacerlo nuestro cuerpo está descansado y despejado, es decir, en un estado físico muy diferente al que teníamos al aprender. Eso es lo que le ocurre a algunas personas cuando habiendo acudido descansadas y despejadas a realizar una prueba o examen dicen «quedarse en blanco» precisamente por haber preparado esa prueba en horas de cansancio y bajo el efecto de estimulantes como la cafeína, que nos mantienen despiertos. En ese caso, como en el anteriormente explicado, la información sigue representada en el cerebro, pero es imposible acceder a ella si no volvemos al mismo estado que teníamos cuando aprendimos. De ello se deriva que, por extraño que resulte, la toma de una droga pueda facilitar el recuerdo de lo que se aprendió bajo los efectos de esa misma droga. Del mismo modo, el recuerdo impedido por memorias similares interferentes puede volverse accesible cuando cambia el contexto externo o interno del sujeto y desaparece con ello la interferencia.

En definitiva, la situación externa o interna de nuestro cuerpo, al igual que la evocación mental de información asociada a lo que pretendemos recordar, puede servir como una llave que permite el acceso a las memorias que creíamos perdidas. Cuando el recuerdo requiere que nos encontremos en un determinado lugar o en un estado determinado de nuestro cuerpo, ha tenido lugar lo que en psicología denominamos *aprendizaje dependiente de un estado.* Es por tanto evidente que el olvido no necesariamente significa que el sustrato físico de la memoria se ha deteriorado o ya no existe.

El olvido como proceso activo

Pero, además de todo lo anterior, el olvido puede ser un proceso activo y dinámico e incluso voluntario, especialmente cuando irrumpen en la consciencia recuerdos desagradables o no deseados. Algunas investigaciones con neuroimágenes funcionales en humanos han puesto de manifiesto que cuando una persona está tratando de impedir mentalmente un recuerdo aumenta la actividad de su corteza prefrontal y se reduce la de su hipocampo, como si dicha corteza ejerciera sobre este último una influencia inhibitoria que muchas veces consigue evitar el recuerdo.

Otros experimentos con pacientes epilépticos que tenían electrodos implantados en el hipocampo han mostrado también una disminución de actividad eléctrica en esa región de su cerebro cuando trataban de olvidar palabras que les eran presentadas. Parece entonces que la activación voluntaria del sistema de cognición ejecutiva que tiene su epicentro en la corteza prefrontal puede impedir el recuerdo inactivando transitoria y funcionalmente estructuras del lóbulo temporal medial del cerebro, como el hipocampo, implicadas en la reactivación de las memorias. También es posible una influencia de sentido contrario, pues cuando la activación del hipocampo da lugar a un recuerdo no deseado, esa información puede ser transferida a la corteza prefrontal para que ésta active entonces retroactivamente el mecanismo de su inhibición.

Se ha comprobado además que la activación de la corteza prefrontal y su influencia sobre el hipocampo es mayor en los individuos que tienen más éxito en olvidar rechazando mentalmente las memorias no deseadas. Esos mismos individuos, por su mayor capacidad de olvido, podrían ser también los que afrontan mejor las experiencias traumáticas. Un estudio reciente ha mostrado que los supervivientes de un accidente de metro menos afectados de estrés postraumático, una alteración de la memoria que veremos más adelante, fueron los que presentaban un mayor grosor en su corteza prefrontal. En otro estudio se comprobó que los pacientes con ese mismo tipo de estrés eran los que menos activaban esa corteza cuando se les hacía recordar la experiencia traumática. Esa menor activación podría suponer una menor capacidad para inhibir el recuerdo indeseado.

Otro medio activo para olvidar consiste en utilizar la corteza prefrontal no para inhibir el recuerdo indeseado, sino para sustituirlo por otro diferente que ocupe el limitado foco de la consciencia. En un experimento con neuroimágenes se ha comprobado que cuando al intentar evitar un recuerdo activando la corteza prefrontal se consigue desactivar el hipocampo, no sólo se evita o reduce ese recuerdo, sino también el que pueda ser nuevamente evocado en el futuro. En realidad, ambos procesos, sustitución o inhibición, debilitan la memoria. El olvido en tales casos en lugar de ser un proceso degenerativo neural o un desaprendizaje, consiste en un proceso inhibitorio que impide el recuerdo, por lo que los autores de algunas de dichas investigaciones no han evitado la tentación de relacionar esos procesos con las conocidas hipótesis freudianas acerca de la represión mental.

Por otro lado, resulta plausible creer que la extraordinaria capacidad asociativa del cerebro humano debe estar sometida a un proceso de autocontrol que impida permanentemente que la mente se sature con información irrelevante, como en el mencionado caso de *Funes el memorioso*. Requiere por tanto de un poderoso sistema activo de olvido que elimine la información irrelevante. Una clave son las proteínas fosfatasas, enzimas que podrían actuar como un freno permanente en la cadena de procesos moleculares que hacen posible la formación de las memorias en el seno de las neuronas. Así, la memoria de un aprendizaje en el laberinto acuático de Morris se mantuvo durante casi un mes en ratones transgénicos que tenían inhibida una de esas enzimas, la *proteína fosfatasa 1*, cuando lo normal para esa memoria es que durase sólo una semana. La enzima parece actuar como un freno al proceso de consolidación de la memoria que se inicia con el entrenamiento, por lo que parece más implicada en un proceso natural de olvido que en impedir la codificación de la información durante el entrenamiento.

¿Cómo podría hacerlo? Al parecer la *proteína fosfatasa 1* podría actuar sobre otras proteínas para impedir el aumento o los cambios en espinas dendríticas de las neuronas involucradas en la formación de las memorias. Si se confirmase este mecanismo u otros similares, podría resultar de extraordinaria relevancia para la modulación de la memoria en situaciones tanto normales como patológicas.

Falsas memorias

Algunos experimentos con ratas han mostrado que cuando está dañada la corteza perirrinal, que, como vimos, es una parte del lóbulo temporal medial, los animales siguen reconociendo los objetos familiares, es decir, los que ya conocen, pero, sorprendentemente, tratan a objetos nuevos como si fueran conocidos, es decir, como si fueran familiares. De ello los investigadores han deducido que la corteza perirrinal podría hacer posible la memoria de reconocimiento asociando o relacionando las características de la información ya conocida. Si así fuera, al dañarse esa corteza dejaría la información como fragmentada en el cerebro y entonces cada uno de los fragmentos sería más susceptible de sufrir interferencias con otros estímulos parecidos que el sujeto recibiera en el futuro. Eso podría ser una fuente de falsas memorias, es decir, cuanto más fragmentada está la información en el cerebro más posibilidades hay de confundir unas informaciones con otras parecidas y creer, por tanto, que se conoce algo nuevo confundiéndolo con lo viejo.

Por el contrario, cuando diferentes informaciones quedan asociadas en un patrón de conocimiento más amplio y complejo, es decir, cuando la información de la memoria se vuelve más integrada en un conjunto o esquema, resulta más difícil que una nueva información se le parezca y entonces es más difícil que aparezcan falsas memorias. A favor de esta hipótesis está el hecho de que las falsas memorias desaparecen o son más difíciles de formar cuando las ratas con lesiones de la corteza perirrinal se mantienen en una cámara oscura, donde no hay estímulos interferentes, antes de presentarles objetos nuevos que tienen que reconocer frente a los familiares o previamente presentados. En este caso, es decir, cuando no hubo interferencias posteriores, las ratas, incluso con su corteza perirrinal dañada, exploran más los objetos nuevos que los viejos, como suele ocurrir en animales normales sin daño cerebral cuando se les presentan este tipo de situaciones.

Transfiriendo esa información a los humanos, podemos deducir que es mucho más fácil tener falsas memorias, es decir, creer que algo es ya conocido cuando en realidad no lo es, si los recuerdos que tenemos del pasado más que memorias coherentes bien estructuradas son fragmentos o retazos de información sobre determinadas situaciones que nunca llegaron a estructurarse en un patrón único y consistente. Eso podría ocurrir incluso con una corteza perirrinal intacta cuando el aprendizaje original, por la razón que fuese, no llegó a consolidarse y a integrarse en los esquemas mentales generales. Un ejemplo podría ser el del estudiante que por haber estudiado poco o mal sólo retuvo fragmentos de la información, que son más susceptibles de interferencias con otros contenidos que la información bien comprendida y asimilada que se integra en el conocimiento general que el alumno ya tiene.

Hace poco tiempo que investigadores ingleses y norteamericanos han conseguido crear una falsa memoria en ratones utilizando la ya mencionada técnica optogenética de estimulación cerebral. Lo primero que hicieron fue registrar las neuronas del hipocampo que se activaban cuando el ratón se encontraba en un determinado lugar. Después, reactivaron ópticamente esas mismas neuronas cuando el ratón estaba aprendiendo a sentir miedo por recibir descargas eléctricas en sus patas tras oír un determinado tono acústico en un lugar diferente al anterior. Eso hizo que cuando el ratón fue puesto de nuevo en el lugar inicial, se quedó inmóvil, es decir, mostró la respuesta típica de miedo en un lugar donde nunca había recibido descargas eléctricas y, por tanto, donde no tenía sentido el miedo. Lo que al parecer ocurrió es que al volver al lugar inicial en el cerebro del ratón se activaron las mismas neuronas del hipocampo que posteriormente fueron asociadas al miedo en otro lugar. En nosotros eso puede significar que cuando sentimos miedo en una situación donde no toca tenerlo, es decir, cuando tenemos una falsa memoria, lo que puede haber ocurrido es que las mismas neuronas de nuestro cerebro que se activan cuando estamos en ese lugar, pueden haberse activado también en otras situaciones amenazantes o peligrosas y por eso a veces no somos capaces de explicar el extraño miedo, o incluso otros sentimientos diferentes, que percibimos en situaciones o circunstancias donde no tiene sentido que así sea. Como consecuencia podemos decir que al menos algunas memorias no siempre son fiables.

Otro modo especial de inducir falsas memorias es la sugestión. Aunque solemos creer que nuestros recuerdos de hechos o sucesos traumáticos son muy fiables, eso no es siempre cierto. Para comprobarlo, investigadores de la Universidad de California hicieron un experimento consistente en entrevistar a personas que habían sido testigos de la explosión de una bomba en Rusia. La primera entrevista fue dos años y medio después del suceso y la segunda tres años después. En la segunda entrevista a los sujetos se les dijo: «Cuando le entrevistamos la vez anterior usted mencionó a un animal herido por la bomba. ¿Podría decirnos algo más sobre ello?». La verdad es que los sujetos no habían dicho nada de eso anteriormente, pero ahora un 13 % afirmaron que era verdad, es decir, que habían visto a un animal herido. La sugestión, por tanto, funcionó y creó una falsa memoria. Los críticos de esa interpretación sugieren que lo que ocurre es que la pregunta incitadora hace recordar a los sujetos alguna experiencia que realmente tuvo lugar, aunque no fuese entonces.

Para comprobar si eso es cierto los mismos investigadores del experimento anterior trataron ahora de implantar una memoria absolutamente imposible. Esta vez a un grupo de personas que habían visitado previamente Disneylandia se les proyectó un anuncio en el que alguien disfrazado de *Bugs Bunny*, el conejo de la suerte, estrechaba manos y mostraba afectos libidinosos a niños en ese parque temático. Obviamente, la *Warner Brothers*, propietaria de ese personaje de dibujos animados, nunca hubiera permitido algo así en la vida real. Pues bien, algunas semanas más tarde, el 36 % de las personas que habían visto el anuncio decían recordar muy vivamente el haber visto a Bugs Bunny en la vida real, haber estrechado sus manos e incluso haber tenido con él contactos amorosos.

En otro caso bien diferente, un equipo de la Universidad de Harvard estudió hasta qué punto los individuos que alegaban haber sido abducidos por alienígenas extraterrestres se lo creían. Diez voluntarios oyeron grabaciones de sus propias historias de abducción mientras los investigadores registraban su frecuencia cardíaca, su sudoración y la contracción de sus músculos faciales. Sorprendentemente, sus respuestas de estrés y miedo, según el resultado de todas esas medidas, fueron tan altas como las de los veteranos de la guerra de Vietnam con estrés postraumático o las de los niños que han sufrido abuso sexual. Sus falsas memorias eran pues vividas como reales y muy poderosas.

El uso de las memorias influye también en su generalización a diferentes contextos. En ratas se ha comprobado que si no se exponen con frecuencia al lugar donde aprendieron a tener miedo, es decir, al lugar donde recibieron descargas eléctricas en sus patas, acaban por mostrar también miedo en otros lugares diferentes al original. En el aprendizaje humano eso puede significar que el no revivir con cierta frecuencia una determinada situación altera o generaliza el contexto en el que la ubicamos. De ese modo, si no nos exponemos con frecuencia al mismo cruce de carretera en el que estuvimos a punto de tener un accidente, puede ocurrir que el miedo se generalice en nuestra memoria y acabemos por sentirlo también en otros cruces diferentes al original. Por último, un reciente estudio ha mostrado que los individuos anteriormente mencionados que nacen con una gran capacidad de memoria autobiográfica, especialmente para hechos de la vida real, fallan también a veces en reconstruir el pasado y pueden tener tantas o más falsas memorias que los sujetos normales.

¿Podemos borrar las memorias indeseables?

> Se llama memoria a la facultad de acordarse de aquello que quisiéramos olvidar.
>
> Daniel Gélin

Borrar las malas memorias ha sido siempre una aspiración humana. A la mayoría de las personas les gustaría recordar sólo las cosas buenas y agradables de la vida y olvidar las desagradables, pero los mecanismos de la evolución y la selección natural han establecido que sean todas las memorias con valor adaptativo y de supervivencia las que se instalen en nuestro cerebro y nuestra mente, y no únicamente las que recordamos con agrado. Muchas veces son precisamente las memorias desagradables las que mejor recordamos, pues, como ya dijimos, ello sirve para garantizar el que no repitamos los errores que las hicieron posibles. El problema es que el mecanismo cerebral que instaura las memorias emocionales es tan poderoso que algunas veces la evocación involuntaria y frecuente de las memorias desagradables puede convertirse en un infierno. Eso es lo que ocurre en el *estrés postraumático*, un trastorno cerebral que hace que la persona que lo padece evoque con frecuencia y sin quererlo un recuerdo profundamente negativo y perturbador, como el de la joven que sufrió una violación o el del soldado que fue testigo de una cruenta acción bélica.

Hace ya tiempo que algunos investigadores norteamericanos intentaron con cierto éxito borrar memorias indeseables aplicando shocks electroconvulsivos a personas que las padecían. Suponían que la electricidad intensa de esos shocks podría desbaratar los estados electroquímicos del cerebro que soportan las memorias. Una de las cosas importantes que descubrieron es que ese tratamiento era más eficaz si se aplicaba inmediatamente después de inducir en los sujetos el recuerdo que se quería eliminar. Cuanto más tardaba en aplicarse el shock tras la evocación de la memoria, menos efecto tenía. Pero ese procedimiento no prosperó, entre otras cosas por resultar excesivamente desagradable y tener efectos colaterales negativos. Quedó, no obstante, la idea de que cada vez que recordamos algo es como si abriésemos el baúl de los recuerdos, es decir, el baúl que contiene las memorias, y pudiésemos entonces cambiarlas o incluso eliminarlas. Un par de procedimientos naturales y frecuentes que describiremos a continuación pueden ser eficaces para modificar o incluso borrar las memorias.

a) Reconsolidación de las memorias

Como todo el mundo sabe, el hecho mismo de recordar confiere a las memorias cada vez mayor robustez y estabilidad. Pero eso no ocurre siempre, pues los estímulos y las situaciones externas que afrontamos o los pensamientos que nos hacen recordar algo, pueden afectar a las memorias de modos diferentes según sean sus características. Cuando las memorias se evocan mediante un estímulo recordatorio de poca duración, como, por ejemplo, cuando un breve sonido nos recuerda una situación de miedo, pueden volverse frágiles durante un tiempo y susceptibles entonces de alterarse o recomponerse si durante la evocación añadimos nueva información o aplicamos al sujeto algún tratamiento perturbador. Eso incluye la posibilidad de borrarlas.

Lo que acabamos de explicar sugiere que cada vez que recordamos algo la memoria para ese recuerdo se desestabiliza en alguna medida para poco tiempo después volver a consolidarse o estabilizarse, un proceso llamado *reconsolidación de la memoria*, que puede servir no sólo para incluir cambios o nueva información en esa memoria precedente, sino también, como ha sido demostrado, para reforzarla o incluso para borrarla. Sería algo así como abrir la memoria para poderla modificar. Lo mismo pensaban quienes anteriormente habían aplicado shocks electroconvulsivos para borrar memorias reactivadas, pero no fue comprobado de un modo experimental hasta el año 2000, cuando los neurocientíficos del ya mencionado equipo de Joseph LeDoux inyectaron una dosis de anisomicina, un antibiótico que inhibe la síntesis de proteínas, en la amígdala basolateral de una rata inmediatamente después de reactivar su memoria de miedo haciendo sonar el tono que la evocaba. Como ya vimos, el miedo lo evaluaban contabilizando el tiempo que el animal se quedaba inmóvil tras oír el tono. Tal como esperaban, la anisomicina parecía borrar la memoria de miedo, pues algún tiempo después de la inyección la rata ya no se quedaba inmóvil cuando volvía a oír el tono. Sin embargo, el recuerdo se mantenía si antes de inyectar la anisomicina la memoria no se reactivaba (figura 10). Todo indicaba que, impedida la síntesis de proteínas, la supuestamente desestabilizada memoria no podía volver a consolidarse, es decir, a reconsolidarse, pues la síntesis de proteínas, como recordará el lector, es absolutamente necesaria para estabilizar las memorias y hacerlas duraderas.

Aunque otros experimentos han confirmado el resultado anterior, no todo está claro respecto a la reconsolidación y la posibilidad de utilizarla como procedimiento para borrar memorias indeseables en animales o humanos. Tras el hallazgo original, muchos investigadores han estudiado y siguen estudiando lo que le ocurre a las memorias cuando son evocadas y en qué consiste exactamente el proceso de reconsolidación. Como resultado de esos estudios podemos decir que son todavía muchas las dudas y cuestiones por aclarar. En primer lugar, la reconsolidación no parece funcionar igual para cualquier tipo o situación de aprendizaje y la fragilidad que genera en la memoria dura relativamente poco. Por ejemplo, la reconsolidación puede no producirse cuando se intenta evocando la memoria en un lugar diferente al del aprendizaje original. Además, como ya comentamos, en el caso de las ratas y el miedo condicionado, sólo es posible hacer desaparecer la memoria cuando la anisomicina se administra inmediatamente después de evocarla, pero no algunas horas más tarde. Igualmente se ha observado que, como era de esperar, las memorias recientes y débiles son más fácilmente reconsolidables y, por tanto, más eliminables, que las más antiguas y fuertes.

Por otro lado, tampoco sabemos bien por qué, tal como se ha comprobado, la memoria original puede seguir manifestándose durante un breve tiempo tras el proceso de reconsolidación, pues, en teoría, la reconsolidación la desestabiliza. Hay también pruebas de que en muchos casos donde se ha practicado la reconsolidación la memoria original no se pierde, pues puede reaparecer algún tiempo después espontáneamente, o reinstaurarse presentando de nuevo un estímulo incondicionado, como la descarga eléctrica en el caso del miedo en la rata. En otros casos la memoria también puede reinstaurarse volviendo a inyectar el agente amnésico, es decir, la anisomicina, lo que podría significar que su efecto más que en borrar la memoria consistió en crear un estado interno del animal asociado a la memoria original y necesario entonces para volver a evocarla. Sería entonces el proceso ya explicado anteriormente en el que el aprendizaje depende del estado interno del organismo. No falta también quien afirma que la reconsolidación podría ser simplemente una fase tardía de la consolidación.

Otros investigadores sostienen, no sin razón, que si un simple recordatorio es suficiente para desestabilizarlas, las memorias podrían ser hipermaleables y piensan, por tanto, que debe ser algo más lo que las desestabilice para volverse a consolidar. Tras realizar un ingenioso e interesante experimento con humanos, esos mismos investigadores han llegado a la conclusión, coherente con cuanto hemos manifestado anteriormente en este libro, de que para que haya reconsolidación no basta con un estímulo evocador o reactivador del aprendizaje previo, siendo también necesario que haya algo nuevo que aprender durante el proceso, es decir, que haya un error de predicción.

El experimento consistió en entrenar a un grupo de personas en un condicionamiento en el que tras presentar determinadas fotografías, recibían una pequeña descarga eléctrica a través de un electrodo ligado a sus muñecas. Tras repetidos ensayos, el condicionamiento hacía que la sola presentación de las fotos produjera en los sujetos una respuesta de sobresalto que era medida mediante sensores colocados en sus músculos orbitales y otras partes del cuerpo. Una vez establecido el condicionamiento y para ver si la memoria adquirida se reconsolidaba, reactivaban la memoria presentando las fotos nuevamente a los sujetos. Pero a la mitad de ellos les advertían previamente que esas fotos serían seguidas como siempre de descargas, y a la otra mitad les decían que sólo les presentarían las fotos sin descarga posterior. Para hacer más creíble el procedimiento, a estos últimos les quitaron los electrodos de las muñecas. Ambos grupos previamente a la reactivación recibieron una inyección de propanolol, una sustancia que, al igual que la anisomicina en las ratas, impide la reconsolidación alterando la respuesta previamente aprendida y evitando que reaparezca a las 24 horas. El resultado fue que el propanolol sólo impidió la reconsolidación en el grupo de sujetos donde la hubo, es decir, en los sujetos que por no saber que las fotos ahora no serían seguidas por descargas generaron un error de predicción cuando esperándolas no las recibieron. Sin embargo, el propanolol no tuvo efecto donde no hubo reconsolidación, es decir, en los sujetos que ya sabían que tras la foto no habría descarga y, por tanto, no generaron error de predicción.

Esos y otros resultados han hecho que los neurocientíficos se interesen por analizar los mecanismos neuronales de la reconsolidación para tratar de conocer mejor su naturaleza. Se ha observado entonces que la reconsolidación, al igual que la consolidación de las memorias, requiere activación de genes y síntesis de proteínas en las neuronas involucradas. No obstante, consolidación y reconsolidación parecen procesos orquestados por distintos mecanismos bioquímicos y moleculares. Así, la consolidación del miedo condicionado a un contexto o lugar, como la jaula en que las ratas reciben la descarga eléctrica en sus patas, requiere que en el hipocampo del animal haya la sustancia neurotrófica *BDNF*, promotora del crecimiento neuronal, pero no el factor de transcripción Zif268, que interviene en la expresión de determinados genes. Inversamente, la reconsolidación requiere que haya este último en el hipocampo, pero no BDNF. Esta doble disociación parece indicar que al recordar no se forma una nueva traza de la memoria, como proponen los teóricos de la reconsolidación, sino que se activa un proceso celular distinto que podría servir para mantener la memoria que ya existía. Es por eso que algunos investigadores proponen el término «reaprendizaje», en lugar de reconsolidación, pretendiendo destacar que el proceso no necesariamente es una recapitulación de la consolidación original de la memoria.

b) Extinción de las memorias

Cuando los estímulos recordatorios que se utilizan para reactivar la memoria son de cierta duración y su aparición no tiene las mismas consecuencias que durante el aprendizaje, puede iniciarse un proceso diferente a la reconsolidación que supone la *extinción* de la respuesta aprendida, es decir, su desaparición. Por ejemplo, la respuesta de inmovilidad o miedo condicionado de la rata desaparece progresivamente, es decir, se extingue, cuando el tono que la reactiva y evoca durante un tiempo y un determinado número de veces no es nunca seguido por la descarga eléctrica en las patas. Igualmente, si quien le trae cada día la comida al perro pasa varios días por delante de él sin traérsela, el animal dejará de salivar como lo hacía antes en cuanto lo oía venir (figura 11). En esos casos, cuando la respuesta condicionada de miedo desaparece, ¿qué ha pasado? ¿Se ha borrado la memoria original? ¿Ha dejado la rata de tener miedo? ¿Acaso ha desaparecido su memoria para el suceso? ¿Es eso lo mismo que le ocurriría a una persona que, tras visitar repetidamente el lugar donde fue asaltada, acaba por dejar de sentir miedo cuando lo hace?

Nuevos experimentos con animales y personas han abordado estas cuestiones y sus resultados indican que el proceso de extinción de una conducta aprendida, más que la desaparición de la memoria para esa conducta, consiste en un nuevo aprendizaje que el sujeto adquiere y que impide la expresión, o sea, el recuerdo, del aprendizaje anterior. Es como si la rata, tras haber condicionado el miedo, ahora aprende que el tono ya ha dejado de señalar que detrás de él viene una descarga eléctrica en sus patas y por eso ya no se queda inmóvil cuando lo oye, por lo que suponemos que deja de sentir miedo. Igualmente, la persona que sentía miedo cuando volvía al lugar donde fue anteriormente asaltada deja de sentirlo cuando, después de visitarlo varias veces, aprende que en ese lugar ya no pasa nada. La mejor prueba empírica de que la extinción no implica borrado de la memoria preexistente, sino una nueva memoria, es que la memoria desaparecida puede reaparecer cuando su evocación tiene lugar en un contexto diferente al original, o incluso espontáneamente, sin esperarlo, algún tiempo más tarde.

Por otro lado, cuando tras reactivar varias veces una memoria sin que sea seguida del refuerzo correspondiente la respuesta condicionada se extingue y desaparece, lo normal es que pensemos que el seguir reactivando de igual modo la memoria no sirve para nada, pues la extinción ya es completa. O sea, cuando un lugar en el que ya no pasa nada deja de hacernos sentir miedo, diríamos que el seguir volviendo a ese lugar ya no sirve más para quitar el miedo. Pero lo cierto es que no es así, y lo sabemos porque cuantos más ensayos de ese tipo hagamos, incluso después de que el miedo ya no aparece, más difícil será que se recupere espontáneamente en el futuro. Eso muestra que insistiendo en el procedimiento se consigue hacer la extinción más robusta y persistente, lo que significa que si seguimos frecuentando el mencionado lugar disminuirá la posibilidad de que el miedo reaparezca en el futuro cuando lo visitemos. Eso ha hecho pensar a los investigadores que puede haber una extinción silenciosa incluso por debajo del nivel cero, es decir, por debajo de la desaparición total de la respuesta condicionada. Podemos creer entonces que, incluso cuando a nivel conductual ya no ocurre nada nuevo, a nivel molecular sí siguen produciéndose cambios en los circuitos neuronales implicados en la memoria que ya no se manifiesta.

La amígdala es la estructura cerebral implicada tanto en el aprendizaje como en la extinción del miedo. En la rata se ha comprobado que durante la extinción la corteza prefrontal inhibe a la amígdala para que ésta no emita la respuesta de miedo, y cuando esa misma respuesta se recupera más tarde lo que parece ocurrir es que las neuronas del hipocampo que evalúan el contexto presente impiden la inhibición de la respuesta de miedo que está originando la amígdala. El neurocientífico Iván Izquierdo y sus colaboradores de Porto Alegre en Brasil han puesto de manifiesto en diversos y excelentes trabajos experimentales que el nuevo aprendizaje inducido por el proceso de extinción, al igual que el aprendizaje original, requiere activación de genes y síntesis de nuevas proteínas en el cerebro. Otros investigadores también han observado que el recondicionamiento tras una extinción elimina preferentemente las espinas dendríticas formadas y estabilizadas durante esa extinción. Y ahora también sabemos que las modulaciones epigenéticas pueden acelerar y aumentar la extinción del miedo condicionado y de otros tipos de aprendizaje, haciéndola además persistente.

Digamos por último que tanto la reconsolidación como la extinción, requieren síntesis de proteínas, pero el que se dé una u otra depende de factores como el tiempo transcurrido tras el aprendizaje previo, la fuerza de ese aprendizaje y, particularmente, la duración del estímulo que reactiva y evoca la memoria. Un interesante experimento para intentar comprender lo que pasa en los circuitos neuronales cuando se reactiva una memoria de miedo a un lugar o contexto ha mostrado que una inyección posterior de anisomicina sólo consigue amnesia para ese aprendizaje, es decir, extinción, si el estímulo reactivador dura cinco minutos, pero no cuando sólo dura un minuto. Eso es prueba de que las diferentes condiciones de evocación de la memoria podrían activar unos u otros mecanismos y decidir de ese modo su destino.

7

Sueño, aprendizaje y memoria

Por qué pasamos un tercio de nuestra vida durmiendo

CADA DÍA DE NUESTRA VIDA llega el momento en que sentimos el sueño como una necesidad imperiosa e inevitable y no resistimos el deseo y la tentación de irnos a dormir. Para quien por término medio duerme 8 horas diarias eso significa que pasará casi un tercio de su vida en ese estado mayoritariamente relajado y semiconsciente, enriquecido varias veces cada noche con ensoñaciones que incluyen fantasías y recuerdos. En los mamíferos en general, la necesidad y la presión para dormir pueden ser tan intensas que la selección natural ha hallado el medio de garantizar el sueño incluso cuando resulta incompatible con otras actividades igualmente necesarias para la vida. Los delfines y las focas, animales que necesitan mucho tiempo diario de vigilia para realizar sus travesías marinas o encontrar alimento, son un ejemplo de compromiso entre descanso neuronal e impedimento ejecutivo, pues sus dos hemisferios cerebrales se turnan para dormir, es decir, duermen en períodos alternativos, lo que les permite a la vez descanso cerebral y conducta de supervivencia. Pero en el caso de las focas las dos mitades cerebrales sólo se turnan cuando están en el agua y no en tierra, lo que sugiere que la solución de poner a dormir sólo medio cerebro tiene lugar únicamente cuando no hay más remedio, probablemente porque es una solución menos efectiva para cumplir los objetivos del sueño que poner a dormir todo el cerebro.

Los científicos nos hemos preguntado siempre por qué pasamos tanto tiempo durmiendo, por qué es necesario hacerlo con tanta frecuencia y qué es lo que nos puede pasar si no dormimos al menos unas horas cada día. Ahora tenemos claro que una primera e importante función del sueño es profiláctica, pues las neuronas, como otras células del organismo, se cansan tras una intensa actividad y deben entonces descansar o modificar de algún modo su actividad para restituir los nutrientes y elementos moleculares y estructurales hasta entonces consumidos o dañados. Pero al igual que una máquina no puede ser reparada mientras está funcionando y tiene que pararse de vez en cuando para hacerle mantenimiento y prevenir futuros daños, el cerebro también sufre una especial «parada» durante el sueño para garantizar un mantenimiento profiláctico de sus neuronas. Muchos de los aproximadamente 100 conocidos genes cuya expresión aumenta durante el sueño están involucrados en síntesis de proteínas, reparación de membranas y mantenimiento celular en general. El sueño, además, elimina toxinas acumuladas durante la vigilia y rellena también los almacenes corporales de energía, como los de glucógeno en el hígado o los astrocitos en el cerebro, todo ello absolutamente necesario para que funcionen con eficacia los procesos cognitivos, como el aprendizaje y la formación de las memorias. Ese mantenimiento ocurre también cuando estamos despiertos, es decir, durante la vigilia, pero con mucha menos efectividad. En consonancia con todo lo anterior, las áreas cerebrales más activas durante la vigilia son las que suelen mostrar más sueño de ondas lentas cuando dormimos.

La actividad profiláctica y regeneradora del sueño ha sido sintetizada por los investigadores Giulio Tononi y Chiara Cirelli en su *hipótesis de la homeostasis sináptica*, que propone que la función fundamental del sueño consiste en restaurar el estado energético y la plasticidad de las neuronas alterados durante la vigilia. Al trabajar durante el día, las neuronas aumentan su consumo energético y muchas de sus sinapsis son potenciadas por las situaciones de aprendizaje y el procesamiento general de la información. El sueño entonces podría servir para restaurar la energía consumida por las neuronas, mantener las potenciaciones convenientes en sus sinapsis y reducir o eliminar los cambios superfluos o exagerados que se producen durante la vigilia. Es por ello que dichos autores afirman que el sueño es el precio que pagamos para mantener la plasticidad del sistema nervioso y poder seguir aprendiendo sin que nuestros circuitos neuronales se saturen. De ese modo, el que la privación de sueño afecte negativamente a actividades y procesos mentales básicos de las personas, como el estado de alerta general, la vigilancia psicomotora, la atención sostenida y otras facultades cognitivas, como el aprendizaje y la consolidación de la memoria, podría deberse a la falta de normalización homeostática de las neuronas que dicha hipótesis propone.

Los experimentos realizados en diferentes laboratorios en los últimos años y sus sorprendentes hallazgos confirman ese planteamiento y nos permiten conocer facultades del sueño que superan con creces a lo que sería un simple mantenimiento o reparación profiláctica del sistema nervioso. Ahora sabemos que el sueño, gracias al proceso general de normalización homeostática que induce, prepara al cerebro para aprender, potencia la formación de la memoria y estructura y reorganiza los contenidos de la mente. Los aficionados al fútbol pueden considerarlo equivalente, en cierto modo, a un buen jugador que reparte juego en el centro del campo. Todo ello convierte al sueño en uno de los procesos mentales más relevantes.

El sueño potencia el aprendizaje y la memoria

> Lección dormida, lección aprendida.
>
> *Anónimo*

La mayor parte del sueño de cada noche (figura 14) es *sueño de ondas lentas*, caracterizado, y de ahí su nombre, por ondas electrofisiológicas lentas, es decir, ondas de alta amplitud y baja frecuencia. Pero varias veces cada noche el sueño cambia hacia una actividad cerebral muy parecida a la de la vigilia, donde las ondas del electroencefalograma pasan a ser de baja amplitud y alta frecuencia, ondas rápidas, podríamos decir. En este caso hablamos de *sueño paradójico* por ser el que muestra a un individuo profundamente dormido pero con una actividad cerebral muy parecida a la de la vigilia. Durante el sueño paradójico es cuando tenemos la mayor parte de las ensoñaciones y también movimientos rápidos de los ojos, lo que hace que el sueño paradójico sea también llamado *sueño REM* (*rapid eye moviments*).

En el año 1985, nuestro equipo de investigación de la Universidad Autónoma de Barcelona ganó el *Premio Divulga* del Museo de la Ciencia de Barcelona con un artículo, basado en experimentos del nuestro y otros laboratorios, titulado *¿Por qué soñamos?* Llevábamos algún tiempo investigando la relación entre el sueño y la memoria en ratas, y los trabajos realizados por Isabel Portell y otros compañeros habían mostrado que cuanto más aprendían las ratas, más sueño paradójico tenían en las horas siguientes al entrenamiento y, cuanto más sueño paradójico tenían, mejor memoria de lo aprendido mostraban posteriormente. Aunque durante el sueño paradójico es cuando soñamos, no está demostrado que los contenidos específicos de los sueños sean los responsables de que mejore la memoria. Como nosotros, algunos laboratorios de otros países obtenían también por entonces resultados con ratas y humanos que ponían de manifiesto la capacidad del sueño para mejorar la memoria de lo previamente aprendido. Actualmente no albergamos dudas de esa capacidad, pues ha sido ampliamente investigada y demostrada en diferentes laboratorios.

Tal como anteriormente comentamos, en algunas ocasiones y aunque a priori no se constate una relación con el sueño, algunas personas pueden resultar sorprendidas al comprobar que, como por arte de magia, ha mejorado su manejo de un dispositivo, como el teclado de un nuevo ordenador, tras algún tiempo sin practicar. Puede ocurrirle a cualquier persona en relación con aprendizajes diversos. Otro ejemplo es la mejora en el léxico de una lengua extranjera que notamos cuando hace incluso algunos días que no asistimos a sus clases. Esa mejora o ganancia en el aprendizaje y la memoria que tiene lugar como por incubación, con tan sólo el paso del tiempo y sin que medie práctica alguna durante el mismo, es lo que anteriormente hemos llamado ganancia retardada del aprendizaje (ganancia *off line).* Pues bien, todo indica que la magia que hay detrás de esa ganancia en el aprendizaje no es otra cosa que el sueño que tiene lugar tras el mismo.

El efecto potenciador del sueño se ha observado en numerosas tareas de aprendizaje, tanto en humanos como en animales, pero resulta especialmente llamativo en las que combinan elementos sensoriales y motores, como cuando aprendemos a teclear una secuencia específica de dígitos. En un experimento concreto los sujetos tenían que aprender a teclear con los dedos de la mano no dominante una de esas secuencias de dígitos. Practicaron en tres bloques de 5 minutos cada uno seguidos por descansos de 2 minutos. Independientemente de si lo hicieron de día o de noche, un período de sueño tras la práctica aumentó la velocidad y ejecución de la tarea en un promedio de 33,5 % y redujo el número de errores en un 30 % en comparación con un período igual de vigilia. Sin embargo, los períodos de vigilia transcurridos tras el aprendizaje sólo mejoraron moderadamente la retención cuando eran diurnos.

Para que el sueño potencie el aprendizaje precedente no es necesario que siga inmediatamente al mismo, pues un corto retardo incluso puede favorecer su efecto. No obstante, dormir unas tres horas después del entrenamiento puede ser más eficaz que hacerlo diez horas más tarde. Los datos y observaciones experimentales indican que si el sueño ocurre en el mismo día que el aprendizaje ya puede ser beneficioso para potenciarlo. Esos datos también nos indican que para que haya beneficio no es necesario el período de 8 horas de sueño de una noche, pues ya puede bastar con una siesta de una o dos horas. Otros resultados muestran que son necesarios períodos o ciclos de por lo menos 90 minutos de sueño para mejorar eficazmente el aprendizaje precedente. En general, los largos períodos de sueño parecen más efectivos que los cortos para mejorar las memorias, especialmente las implícitas y procedimentales, como la anteriormente mencionada de aprendizaje de secuencias de dígitos. Las interrupciones del sueño también parecen importantes para su efecto sobre la memoria. Los ratones que en un experimento fueron despertados varias veces durante el sueño no recordaban lo que aprendieron el día anterior, mientras que los que no fueron despertados, sí lo recordaron. En humanos es un hecho comprobado que la privación selectiva del sueño de ondas lentas impide la actividad del hipocampo asociada al aprendizaje y, con ello, impide también la formación de la memoria.

Cómo el sueño potencia la memoria

Durante el sueño que sigue al aprendizaje tiene lugar un procesamiento activo en el cerebro que produce importantes cambios cuantitativos y cualitativos en las representaciones de información. El almacenamiento de la memoria a largo plazo ocurre preferentemente durante ese tiempo. Como ya tuvimos ocasión de explicar, cada vez que evocamos una memoria reactivamos los circuitos neuronales que la albergan y, de ese modo, la hacemos más fuerte y estable. Sucede algo así como cuando repasamos con el lápiz los trazos de un dibujo para pronunciarlo más y evitar que se borre. Pero ahora tenemos resultados de experimentos que muestran que la consolidación de la memoria depende también de procesos de reactivación del material previamente aprendido que tienen lugar de manera oculta, es decir, inconscientemente, durante la propia vigilia en períodos de quietud y también, especialmente, durante el sueño. Ambos tipos de reactivación, la que tiene lugar durante la vigilia y la que ocurre durante el sueño, parecen importantes en relación con la memoria y ambos están siendo estudiados, aunque, por ahora, la investigación ha insistido más en la reactivación durante el sueño.

En ratas con electrodos implantados en el hipocampo se ha comprobado que la misma secuencia de actividad de las neuronas que tiene lugar durante el entrenamiento y los movimientos en determinadas tareas de aprendizaje se observa también en las mismas neuronas durante el sueño subsecuente. Más aún, la reactivación de las secuencias en las neuronas del hipocampo se coordina con la correspondiente reactivación de las neuronas de la corteza cerebral que representan los eventos implicados. Es decir, durante el sueño los circuitos neuronales que albergan las memorias pueden repetir las mismas secuencias de actividad en el hipocampo y la corteza cerebral que se generaron para codificar la información durante el aprendizaje, y ello parece un mecanismo esencial por el que el sueño intensifica y consolida las memorias. Reactivaciones similares han sido también observadas en los humanos mediante técnicas de resonancia magnética funcional. Eso explica que, incluso cuando llevamos un tiempo sin practicar, la memoria pueda haber mejorado. El sueño, por tanto, puede considerarse también como un modo especial de practicar mientras dormimos.

Las secuencias de repetición de las memorias durante el sueño ocurren sobre todo en el hipocampo y la corteza cerebral, pero también se han observado en otros lugares relacionados con el aprendizaje y la memoria, como el tálamo y los núcleos estriados. Se dan preferentemente durante las primeras horas del sueño de ondas lentas tras el aprendizaje, siendo menos frecuentes durante el sueño paradójico. Típicamente se observan en tan sólo una minoría de las neuronas registradas y a una velocidad 20 veces mayor que la que tiene lugar durante la vigilia. Cuando ocurren las reactivaciones durante el sueño es posible que las mismas moléculas que se activan para formar las memorias durante el aprendizaje, puedan ser también reclutadas para promover la consolidación a largo plazo de la memoria, incluyendo la consolidación de sistema. Más concretamente, ahora sabemos que el sueño acelera la síntesis de proteínas, algo esencial, como ya vimos, para aumentar la fuerza de las conexiones entre las neuronas y, con ello, la consolidación de las memorias. Al menos el 5 % de los genes que se expresan en la corteza cerebral de la rata son modulados por los estados de sueño y vigilia. Además, los mismos procesos moleculares beneficiados por el sueño son alterados por la privación del mismo. El sueño tiene, por tanto, una importante misión moduladora de los procesos de plasticidad sináptica implicados en el aprendizaje y la memoria.

Tanto la reactivación neuronal que tiene lugar durante la vigilia, como la que ocurre durante el sueño pueden reforzar las memorias, pero la primera, es decir, la reactivación durante la vigilia, aunque se ha dicho que puede ser más fiel que la que tiene lugar durante el sueño, puede desencadenar un proceso de reconsolidación de la memoria, como los anteriormente explicados, que la desestabilice, mientras que la reactivación durante el sueño hace todo lo contrario, pues estabiliza las memorias protegiéndolas de interferencias. Para comprobar si la repetición de la secuencia de activación de la memoria durante el sueño podría debilitar las memorias igual que lo hace la repetición durante la vigilia, los investigadores entrenaron a dos grupos de personas en un juego de localización de cartas. Uno de los grupos realizó el entrenamiento mientras estaba presente en la sala un olor que servía como señal de memoria. El otro grupo lo hizo sin estar presente ese olor. Tras el entrenamiento la mitad de los sujetos de cada grupo pasaron 40 minutos despiertos y la otra mitad lo hicieron durmiendo. Durante ese tiempo todos ellos fueron expuestos al mencionado olor.

Para los que aprendieron la tarea en su presencia, el olor podía actuar como un reactivador de la memoria, tanto si dormían como si permanecían despiertos tras el entrenamiento. Pasados los 40 minutos, a todos los sujetos se les hacía aprender una nueva y diferente localización de cartas cuya memoria pudiera interferir con la anterior.

El resultado fue que la esperada desestabilización de la memoria anterior sólo se observó cuando el olor se presentó durante la vigilia en los sujetos que habían aprendido en su presencia, pero cuando se presentó durante el sueño en esos mismos sujetos no sólo no debilitó la memoria anterior, sino que la estabilizó y preservó, haciéndola de ese modo menos susceptible a la interferencia del segundo aprendizaje. En el mismo experimento, y mediante técnicas de neuroimágenes funcionales, se comprobó que la reactivación de la memoria durante la vigilia tiende a activar la corteza prefrontal, mientras que si tiene lugar durante el sueño activa preferentemente el hipocampo y la corteza cerebral posterior. En esa activación diferencial podría estar la explicación de que uno u otro tipo de reactivación debiliten o no la memoria en cuestión.

Otro modo en el que el sueño podría contribuir al fortalecimiento del aprendizaje es facilitando la transferencia de las memorias a la corteza cerebral desde los lugares, como el hipocampo, donde son inicialmente establecidas. Lo sugiere el que las secuencias de reactivación de las neuronas del hipocampo durante el sueño se acompañen de unas *descargas concentradas de ondas agudas* (*sharp-waves/ripples*), que según algunos investigadores podrían constituir un mecanismo fisiológico por el que la información registrada en el hipocampo es transferida a la corteza cerebral. En concreto, se ha sugerido que esas descargas podrían representar episodios de memoria que el hipocampo comprime para derivarlos a la neocorteza como memoria a largo plazo y quizá también para integrarlos en los esquemas de memoria ya existentes. Esta hipótesis se basa en los resultados de experimentos con roedores en los que se ha comprobado que si, tras el aprendizaje de una tarea en la que esté implicado el hipocampo, se alteran o suprimen dichas descargas estimulando eléctricamente el cerebro de las ratas, no se forma la memoria a largo plazo para la misma. En otro experimento se observó también que una siesta, incluso inducida por la inyección de una sustancia hipnótica, dio lugar a un incremento durante el sueño de dichas descargas y a una mejora posterior de la memoria verbal de los sujetos experimentales. Hemos de tener en cuenta, no obstante, que las interacciones entre el hipocampo y la corteza son bidireccionales, y que el hipocampo, como ya dijimos, más que las memorias mismas podría albergar información sobre los diferentes componentes de ellas ubicados en la corteza cerebral, por lo que no hemos de descartar que sea la propia reactivación simultánea de las neuronas de la corteza cerebral durante el sueño la que potencia las memorias en ellas representadas. En todo caso, parece un hecho reiteradamente comprobado que las descargas concentradas de ondas agudas forman parte esencial de los mecanismos por los que el sueño facilita la memoria. Y para quienes tengan problemas de sueño es importante mencionar que no sólo el sueño natural, sino también el inducido mediante fármacos, puede tener efectos potenciadores de la memoria.

Por otro lado, la mencionada hipótesis de la homeostasis sináptica propone una regulación a la baja de las sinapsis durante el sueño. Eso significa que durante el mismo se mantienen las sinapsis correspondientes a las memorias que fueron más reforzadas durante la vigilia, o mejor integradas en los circuitos ya existentes en el cerebro, mientras que las sinapsis o memorias que fueron sólo ocasional o pobremente reforzadas durante aquélla, o peor integradas en las viejas memorias, son deprimidas o incluso eliminadas. Sería entonces como si el sueño seleccionase aquello en lo que más se insistió durante el aprendizaje frente a lo que fue procesado de un modo menos intenso o incluso aleatorio, al ser menos relevante.

Algo que todavía no sabemos es si todas las fases del sueño tienen la misma capacidad para potenciar la memoria de los aprendizajes previos. Los resultados de algunos experimentos indican que el sueño de ondas lentas, que es siempre más temprano y previo al paradójico, beneficia sobre todo a la memoria explícita, es decir, a la declarativa en humanos, mientras que el paradójico podría beneficiar preferentemente a la memoria implícita, pero también hay resultados que muestran justo lo contrario. Otra sugerencia es que ambos tipos de sueño podrían tener funciones complementarias, el más temprano de ondas lentas seleccionando determinadas memorias o integrando las nuevas memorias con la información ya existente en la memoria a largo plazo, y el paradójico subsecuente estabilizando las memorias seleccionadas y fortaleciendo las sinapsis que las sustentan. Habrá que esperar a los resultados de nuevos experimentos y observaciones para poder asegurar el papel de cada tipo de sueño en la consolidación de la memoria.

Digamos por último que la capacidad del sueño para mejorar la memoria no se limita a potenciar la consolidación una vez producido el aprendizaje, pues ahora sabemos que puede tener también un beneficio proactivo para el mismo cuando le antecede. Eso puede deberse a que el sueño restablece la plasticidad sináptica y, con ella, la capacidad de aprendizaje que se pierde a lo largo del día durante la vigilia. En un reciente experimento se ha observado que la capacidad de aprendizaje disminuyó considerablemente en las personas que permanecieron despiertas durante todo el día. Sin embargo, las que pudieron dormir durante 100 minutos en ese mismo día presentaron un aumento considerable en su capacidad para aprender una tarea numérica. Pero lo más interesante fue que ese aumento se correlacionó positivamente con la cantidad de sueño de ondas lentas y sus correlativas descargas de ondas agudas en el hipocampo que los sujetos que durmieron experimentaron durante su sueño. Observaciones similares se han hecho también después de una noche entera de sueño. Además, una forma de aumentar la memoria ha consistido en estimular la corteza prefrontal mediante estimulación magnética transcraneal durante el sueño inicial de la noche, lo que incrementa la potencia de las ondas lentas del sueño en curso y el número de descargas agudas. Dormir, por tanto, resulta beneficioso para la memoria tanto si ocurre antes como si ocurre después del aprendizaje.

Podemos decidir las memorias que potencia el sueño

En un apartado anterior dejamos claro que aquello que nos emociona tiene siempre preferencia en el registro de la memoria. La pregunta aquí es si el efecto potenciador de la memoria que tiene el sueño afecta por igual a todo lo que aprendemos o si, de algún modo, el sueño selecciona también lo que deber ser recordado. Una primera respuesta sostiene que la recompensa o beneficio implícito en cada situación de aprendizaje es lo que determina si el sueño posterior favorece o no la memoria de ese aprendizaje. Para poner a prueba esta hipótesis se hizo un interesante experimento en el que las personas participantes tenían que asociar 72 objetos a localizaciones concretas en la pantalla de un ordenador mientras se oía el sonido característico de cada uno de esos objetos. Por ejemplo, sonaba una campana cuando ésta aparecía visualmente en un lugar concreto de una tabla cuadriculada. Un número en cada localización indicaba además el valor de la recompensa monetaria a obtener si esa localización era posteriormente recordada en un test de memoria. Tras el aprendizaje, un grupo de personas durmió durante una hora y media y las demás permanecieron despiertas. El resultado en el test posterior de memoria mostró que, sobre todo en los sujetos que durmieron, las localizaciones con alto valor de recompensa eran mucho mejor recordadas que las de bajo valor.

Parece entonces cierto que la recompensa asociada a cada situación de aprendizaje puede condicionar el que el sueño posterior potencie o no la memoria para aquélla. La propia recompensa funciona entonces como una etiqueta o señal ligada a la memoria particular que el sueño ha de potenciar. En ese sentido, no es extraño que, como ya tuvimos ocasión de explicar, las memorias emocionales ganen preferencia, pues la emoción misma, asociada aquí a las recompensas monetarias elevadas, puede ser la etiqueta necesaria para que el sueño posterior seleccione esas memorias. Se ha comprobado, además, que la etiqueta «recompensa monetaria» puede funcionar incluso cuando ese conocimiento se adquiere después del aprendizaje y no necesariamente durante el mismo. Pero ni eso es necesario, pues el mero hecho de decirle a una persona que unas cosas las tiene que recordar y otras no, y que habrá un futuro test de memoria para las mismas, ya hace que el sueño las pueda seleccionar para potenciar su consolidación. Un ejemplo es la comprobación de que el sueño favorece el aprendizaje de determinados pares de palabras asociadas sólo cuando a los sujetos que aprenden se les informa de que se les hará un test de memoria posterior para ésos y no otros pares. Es decir, el sueño aumenta la memoria para las palabras señaladas durante el aprendizaje para ser recordadas. En realidad, la mera expectativa de que una memoria será usada en el futuro, es decir, la expectativa que tengamos sobre las consecuencias de lo que aprendemos, ya determina si el sueño lo potenciará o no. En definitiva, lo importante para que el sueño haga su efecto sobre la memoria es que el sujeto sea consciente de la futura relevancia de lo que aprende. Pero además, los resultados experimentales indican que ese efecto, para darse, requiere que el sueño tenga lugar no más tarde de 24 horas tras el aprendizaje inicial. El sueño más tardío no tiene efecto, pues también se ha observado que las señalizaciones dadas para consolidar memorias particulares se degradan en menos de 24 horas, antes incluso que las propias memorias. Al seleccionar de forma directa lo que debe ser recordado, el sueño está también indirectamente decidiendo qué debe ser olvidado, pues potenciar una memoria por señalización no deja de ser un modo de despotenciar las que no son señalizadas.

Se ha comprobado también que las señales como olores o tonos presentados durante el aprendizaje de una tarea pueden aumentar aún más la memoria de esa tarea si son presentadas también durante el sueño. En un elegante y reciente experimento, las ratas, para conseguir comida en un laberinto, debían dirigirse a la derecha o a la izquierda según indicaba un tono asociado a cada brazo de aquél (figura 12). Los registros en el hipocampo durante el aprendizaje mostraron que durante las carreras de las ratas a la derecha, es decir, las asociadas a uno de los dos tonos, se activaba un conjunto de neuronas diferente del que se activaba durante las carreras a la izquierda, las asociadas al otro tono. Más tarde, cuando durante el sueño posterior al aprendizaje se hizo sonar el tono asociado al giro a la derecha, las mismas neuronas que se activaron para ese giro durante el aprendizaje se activaron más que las del giro a la izquierda y lo inverso sucedió igualmente cuando el tono que se hizo sonar durante el sueño fue el asociado al giro a la izquierda. Los tonos presentados durante el sueño pueden promover, por tanto, la repetición de las secuencias de actividad de las neuronas que tuvieron lugar durante la vigilia y eso puede ser un modo artificial de inducir los mecanismos naturales por los que el sueño favorece el aprendizaje precedente.

En un caso particular, esta vez con humanos, la exposición a un olor durante el sueño sólo activó el hipocampo y la corteza cerebral si ese olor había sido también presentado durante el aprendizaje previo. Asimismo, un interesante experimento en pacientes epilépticos con daño en el hipocampo, realizado recientemente en el Instituto de Investigaciones Médicas de Bellvitge, en Barcelona, por el equipo del investigador Lluís Fuentemilla, ha mostrado también la importancia del hipocampo como mediador de la potenciación de la memoria durante el sueño. A estos pacientes se les realizó una prueba especial antes de ser intervenidos quirúrgicamente. Antes de irse a dormir se les sometía a un aprendizaje consistente en asociar parejas de imágenes y sonidos. Por ejemplo, se veía una mesa y sonaba un aplauso. Después, cuando dormían profundamente les repetían la mitad de los sonidos anteriormente aprendidos y cuando despertaban por la mañana se les hacía un test de memoria para ver si retenían las asociaciones aprendidas. El resultado fue que tanto los sujetos de control, es decir, sin daño en el hipocampo, como los epilépticos que sólo tenían dañado el hipocampo de un hemisferio cerebral y que conservaban el otro intacto mostraron mejoría en el recuerdo de las asociaciones que se habían reactivado durante la noche. Los únicos que no mostraron un mejor recuerdo de esas asociaciones fueron los sujetos con daño en ambos hipocampos, lo que puso de manifiesto que el efecto facilitador de la reactivación nocturna depende de la integridad de esas estructuras, es decir, sin hipocampo no hay facilitación de este tipo de memoria por reactivación de la misma.

Otra sorprendente observación del experimento anteriormente citado, en el que los sujetos aprendían localizaciones de objetos señaladas por sus respectivos sonidos, es que el mencionado olvido para las localizaciones de los objetos que tenían poca recompensa monetaria se evitó en el 100 % de los casos si los sonidos correspondientes a las localizaciones requeridas en el test de memoria eran también presentados durante el sueño posterior al aprendizaje. Cuando esa misma señalización se hizo durante la vigilia en los sujetos que permanecieron despiertos tras el aprendizaje, también hubo disminución de dicho olvido, pero sólo para el 50 % de los ítems preguntados. La explicación de ese efecto parece estar en que, como se ha observado en los experimentos, las señales acústicas asociadas al aprendizaje, cuando son presentadas durante el sueño, estimulan en el hipocampo la repetición de las secuencias de actividad de las neuronas que codificaron el aprendizaje.

También se ha observado que la habilidad de las personas para interpretar una melodía puede ser influenciada por señalizaciones auditivas durante el sueño. En un experimento que lo demuestra se comparó la ejecución de dos melodías practicadas durante el mismo tiempo. Durante una siesta, una de ellas fue presentada 20 veces en un intervalo de 4 minutos sin que despertase a los individuos. La precisión en la ejecución mejoró significativamente sólo en el sujeto que fue estimulado durante el sueño y no antes del mismo. La medida de la eficacia se correlacionó positivamente con el tiempo que el sujeto pasó en sueño de ondas lentas.

De los resultados anteriores y otros similares podemos deducir que la repetición de las secuencias de aprendizaje en las neuronas durante el sueño puede ser manipulada mediante estímulos o señales externas, como olores o tonos. Asimismo, las instrucciones explícitas o las señalizaciones sobre lo que hay que recordar, dadas durante o después del aprendizaje, pueden modular el curso de la consolidación de la memoria durante el sueño. Quién sabe si esa melodía que a veces invade reiterativamente nuestra mente sin que podamos evitarlo, conocida como el gusano cerebral, no es consecuencia de alguna señalización especial y poderosa que, sin darnos cuenta, le atribuimos cuando la oímos en un momento determinado.

Aprender mientras dormimos

Una vieja aspiración del estudiante perezoso o con dificultades para aprender ha sido encontrar una fórmula o procedimiento que le permita hacerlo sin esfuerzo. Entre esas aspiraciones no ha faltado la que considera la posibilidad de aprender mientras dormimos. ¿Cómo? Una fantasía habla de poner el libro de matemáticas bajo la almohada y amanecer hecho un Einstein. Tampoco ha faltado la picaresca comercial de quien ha promocionado instrumentos electrónicos, como un magnetófono y unos auriculares, que subliminalmente, es decir, sin despertarnos, van radiando al cerebro, mientras dormimos, la información que queremos aprender. Sin llegar a tales extremos, ahora sabemos que, durante el sueño, el cerebro tiene también una cierta, aunque limitada, capacidad para asociar estímulos, es decir, para aprender.

Un reciente e inteligente experimento lo demuestra. La principal dificultad para comprobar si alguien aprende mientras duerme estriba en la inconsciencia del sujeto y su imposibilidad de hablar o moverse para mostrar lo aprendido. Pero en el caso que nos ocupa, los investigadores utilizaron como variable a medir una respuesta muy especial, la inspiración nasal que los sujetos pueden realizar en respuesta a un estímulo olfatorio, incluso de manera inconsciente, mientras duermen. Además, durante el sueño, el cerebro puede captar estímulos externos, como tonos u olores entre otros muchos, emitidos a baja intensidad para no interrumpir el sueño. Y como se inspira instintivamente con más intensidad un olor placentero que uno desagradable, el aprendizaje aquí consistió en que, mientras los sujetos dormían, los investigadores hicieron sonar diferentes tonos apareados cada uno de ellos con la dispersión de sustancias olorosas agradables o desagradables.

Una vez realizado el entrenamiento y todavía mientras los sujetos seguían durmiendo, los investigadores volvieron a presentar los tonos pero ahora en solitario, sin los olores, y midieron la intensidad de la respuesta de inspiración que hacían los sujetos ante cada uno de ellos. El resultado mostró efectivamente que los sujetos habían aprendido, pues inspiraban ante la sola presencia de los tonos. Además, las inspiraciones fueron diferentes en función de si el tono que los provocaba estaba asociado a un olor placentero (13 % más) o a un olor desagradable. Pero lo más sorprendente fue que al día siguiente los sujetos seguían inspirando de igual modo ante los mismos tonos, es decir, el aprendizaje persistía sin que los sujetos fueran conscientes de haber sido instruidos durante el sueño. Los investigadores comprobaron también si era influyente practicar cuando los sujetos estaban en sueño de ondas lentas o en sueño paradójico, y en ambos casos funcionó el aprendizaje, pero sólo se mantuvo al día siguiente cuando el entrenamiento tuvo lugar durante el sueño de ondas lentas.

Hay también un caso especial de aprendizaje durante el sueño en la especie de pájaros cantores pinzón zebra (*zebra finch*). Los jóvenes machos aprenden primero los cantos de cortejo copiándolos del canto de otros machos, pero más tarde cada pájaro añade florituras que hacen su canto único. Esto puede tener lugar durante la vigilia, pero algún refinamiento puede ocurrir también durante el sueño, como pudo comprobarse cuando estaban dormidos y se les estimuló sonoramente con una grabación de su propio canto. Al hacerlo, la actividad neuronal se extendió entre las áreas cerebrales que gobiernan el canto, lo que no ocurrió durante la vigilia. Se ha sugerido entonces que esa apertura de puertas durante el sueño podría facilitar nuevas conexiones en el cerebro que permitieran el afinamiento del canto. En cualquier caso, parece demostrado que, mientras dormimos, el cerebro tiene capacidad para aprender si se utilizan los estímulos y procedimientos adecuados a ese estado. Ello, por otro lado, no tiene nada que ver con cualquier fantasía consistente en transferir información compleja al cerebro mediante artilugios y procedimientos poco científicos y de fácil aplicación.

Olvidar mientras dormimos

Acabamos de ver cómo ciertas manipulaciones o la presentación de estímulos mientras dormimos pueden hacernos aprender y formar memorias lo suficientemente estables como para seguir vigentes al día siguiente. Pero más sorprendente resulta el que manipulaciones similares durante el sueño puedan servir también para que olvidemos cosas aprendidas cuando estábamos despiertos. Anteriormente hemos explicado que, en experimentos con ratas, cuando un estímulo como el tono que produce miedo, por haber sido anteriormente asociado a una leve descarga eléctrica, se presenta varias veces solo, sin que sea seguido por la descarga, produce extinción, es decir, ese tono deja de producir miedo. Lo sorprendente ahora es que otros trabajos han mostrado que puede bastar con situar de nuevo a la rata en el lugar donde se la había entrenado, sin presentar ni siquiera el tono, para que la respuesta de miedo se extinga y desaparezca.

Creyendo que algo similar podría ocurrir también en humanos, un equipo de psicólogos de la Universidad de California en San Diego ha realizado un experimento en el que se asociaron fotografías de diferentes caras con descargas eléctricas suaves en varias personas mientras estaban situadas en la máquina de resonancia magnética funcional, para poder registrar al mismo tiempo la actividad eléctrica de sus cerebros. Algunas de las caras fueron asociadas a la descarga eléctrica mientras se infundía en el ambiente una sustancia olorosa que actuaba como contexto del aprendizaje en curso. El miedo que sentían los sujetos cuando se les presentaban las caras asociadas a la descarga se medía registrando la resistencia eléctrica de la piel de los sujetos, una respuesta fisiológica que es muy sensible a las situaciones emocionales en general. Una hora después del condicionamiento, los sujetos durmieron una siesta y durante su sueño de ondas lentas se le presentó el olor del contexto a cada uno de ellos, lo que les provocaba una reacción inconsciente de miedo, como mostraba el registro de la resistencia eléctrica de su piel.

Pero esa respuesta desapareció progresivamente indicando que el miedo se iba extinguiendo. Efectivamente, cuando tras la siesta se volvió a presentar a los sujetos la cara inicialmente condicionada, los registros de las neuroimágenes mostraron que el miedo se había reducido.

El experimento que acabamos de explicar fue más complejo, pues incluyó otros estímulos diferentes aquí no mencionados para el control metodológico de sus resultados. En todo caso, los investigadores han demostrado que si el aprendizaje inicial del miedo se produce en un contexto o ambiente determinado, únicamente reproduciendo ese ambiente durante el sueño posterior, sin los estímulos asociados, puede ser suficiente para que la respuesta de miedo se extinga y desaparezca. Algo que no han podido explicar los investigadores es por qué ese mismo efecto no ocurre cuando el estímulo contextual se presenta también durante la vigilia tras el aprendizaje, es decir, cuando los sujetos están despiertos. El sueño una vez más es la clave, pues parece tener también un poder especial para hacer desaparecer recuerdos.

El sueño reorganiza y estructura los contenidos de la mente

Los resultados de los experimentos realizados en los últimos años en laboratorios de diferentes países han revolucionado nuestro conocimiento sobre las funciones del sueño. Además de su importante papel en el mantenimiento y reparación de las neuronas y en la potenciación y estabilización de las memorias, ahora sabemos que el sueño integra los contenidos de las nuevas memorias en las redes neuronales y en los esquemas ya existentes en el cerebro, genera nuevas asociaciones y extrae características invariables y reglas comunes y ocultas en el conjunto de la información recibida, facilitando con todo ello inferencias y nuevas visiones sobre las cosas. El sueño promueve también la transformación del conocimiento implícito e inconsciente en explícito y consciente. De ese modo, mientras dormimos es posible crear un nuevo conocimiento que supera a la suma de los preexistentes en nuestro cerebro y nuestra mente. No conocemos todavía los mecanismos neuronales precisos que hacen posible todas estas funciones del sueño, pero, entre los posibles, hemos de considerar la propuesta de la hipótesis de la homeostasis sináptica, según la cual muchos de los beneficios del sueño son posibles porque durante el mismo se mantiene la información relevante y se reduce o elimina la irrelevante, manteniendo o deprimiendo, respectivamente, las sinapsis implicadas en cada una de ellas. De ese modo se destacan las memorias convenientes y se reducen las interferencias de las mismas con informaciones de similar naturaleza. Los datos y razonamientos que siguen son buena prueba de cuanto decimos.

a) El sueño integra información en las redes neuronales preexistentes

Aunque todavía no sabemos cómo lo hace, el sueño facilita la asimilación o integración del nuevo conocimiento aprendido en los esquemas o redes de neuronas preexistentes en el cerebro, expandiendo así esos esquemas y dándole más significado y contexto al nuevo conocimiento integrado. Un buen ejemplo es la incorporación de nuevas palabras en el léxico mental que ya tenemos. En un experimento que lo demuestra, los sujetos aprendieron 30 palabras nuevas e inventadas (como, por ejemplo, *turpof*). Cuando se les interrogó inmediatamente tras el aprendizaje o algún tiempo más tarde mostraron poca memoria para las mismas y un mal uso de ellas, lo que significa que todavía no las habían integrado en su léxico preexistente. Sin embargo, tras una noche de sueño se observó una mejor memoria de los sujetos para esas palabras y un uso fluido de las mismas, como si ya formaran parte de su vocabulario y lenguaje habitual, o sea, como si ya las hubieran integrado en su léxico. Además, el grado de integración observado se correlacionó positivamente con el número de descargas concentradas de ondas agudas (*sharp-waves/ripples*) observadas en el electroencefalograma durante el sueño. Recordemos que estas descargas suceden en coincidencia con la actividad reproductora de la experiencia en las neuronas del hipocampo, y han sido relacionadas con la transferencia de información a la corteza cerebral y su integración en la memoria a largo plazo.

Un modo diferente de integrar la información es la unificación, que ha sido observada en tareas de aprendizaje motor, como la que consiste en pulsar con rapidez y sin errores una secuencia de dígitos. En un experimento de ese tipo, los sujetos que aprendieron la secuencia 4-1-3-2-1-3-2-1-4 al principio la ejecutaban en bloques separados por pausas breves, como 413-21-3214, pero tras una noche de sueño la unificaron y la tecleaban entera sin pausas.

b) El sueño combina información y extrae reglas ocultas

Otra posibilidad es que los nuevos conocimientos aprendidos se combinen entre ellos creando nuevos esquemas que permitan identificar regularidades, extraer las reglas que gobiernan la información y extrapolarlas a nuevas situaciones. La capacidad del sueño para extraer reglas ocultas se ha observado incluso en niños de 15 meses de edad, que fueron expuestos a una gramática artificial donde la regla consistía en que la primera de 4 sílabas de una palabra sin sentido (ejemplo, *pel*) predecía siempre la última sílaba de esa misma palabra (por ejemplo, *pelwadimrud* y *pelchilarud*). Cuatro horas más tarde de la exposición inicial, sólo los niños que habían dormido una siesta entre el aprendizaje y el test mostraron conocimiento de esa regla girando su cabeza por más tiempo hacia el sonido familiar, es decir, el que cumplía la regla, mientras que los que habían permanecido despiertos la ignoraban. Una consecuencia importante de este tipo de observaciones en niños es que el aprendizaje temprano de reglas puede depender del sueño, lo que explicaría la gran demanda del mismo durante el desarrollo infantil, cuando se están construyendo muchos esquemas mentales en el cerebro.

En otro experimento, esta vez con adultos, los sujetos tenían que aprender a predecir sol o lluvia en función de una combinación de 4 cartas que aparecían en la pantalla de un ordenador, un juego que ya vimos anteriormente (figura 7). Para cada combinación de cartas, el sujeto tenía que pulsar el botón de sol o de lluvia. Si acertaba con la combinación predictiva, se oía un sonido agudo, si se equivocaba, se oía un sonido grave. Pero, recordemos que la dificultad estribaba en que la combinación de cartas que predecía cada una de las dos posibilidades, sol o lluvia, lo hacía sólo en un porcentaje de veces en que esa combinación aparecía y no en todas las ocasiones. Así, cuando el sujeto acertaba en alguna ocasión y creía entonces conocer la combinación predictiva, se encontraba con que en los siguientes ensayos esa misma combinación ya no lo era. No obstante, en algunos de los nuevos ensayos volvía a serlo. Se trataba, por tanto, de un aprendizaje probabilístico donde la regla oculta consistía en que las combinaciones predictivas sólo lo eran un porcentaje de veces, pero no siempre. Pues bien, inmediatamente después de un entrenamiento inicial, los sujetos recibieron 100 ensayos de prueba para ver si habían aprendido y otros 100 ensayos doce horas más tarde. Los resultados mostraron que sólo los sujetos que tuvieron una noche de sueño entre esos dos bloques de ensayos mejoraron significativamente su memoria entre uno y otro bloque, ya que cometieron menos errores al haber captado conscientemente el carácter probabilístico del aprendizaje.

En un experimento reciente de una universidad alemana, el doble de los sujetos que tuvieron ocasión de dormir 8 horas, comparados con los que no durmieron, solucionaron antes un complejo problema de reducción de números al descubrir a medio camino del ejercicio la regla abstracta para la solución final oculta en todas y cada una de las secuencias del problema, sin necesidad, por tanto, de cubrir todos los pasos sucesivos previstos para alcanzar esa solución, es decir, como encontrando un atajo. Los datos indicaron, además, que el uso consciente de la regla oculta no surgió del aprendizaje mismo, es decir, de la práctica, sino de representaciones mentales que se establecieron durante el sueño tras el entrenamiento en la tarea.

El sueño también se ha mostrado capaz de facilitar el descubrimiento de palabras esenciales que liguen directa o indirectamente a tripletes de otras palabras aparentemente no relacionadas. Si nos dan, por ejemplo, el triplete «*caramelo, sueño, glucosa*» hemos de descubrir una sola y diferente palabra, como «*dulce*» en este caso, que relacione a las tres anteriores. Algunos tripletes son fáciles de resolver, pero otros pueden ser muy difíciles y requieren más tiempo y razonamiento para hallar la palabra adecuada. En un experimento con problemas de este tipo, los sujetos intentaron solucionar una serie de tripletes a las 9 de la mañana y otra vez los mismos tripletes a las 5 de la tarde, es decir, pasadas 8 horas. Todos los sujetos, tanto si durmieron como si estuvieron despiertos esas 8 horas, resolvieron más tripletes por la tarde que por la mañana, lo que indica que, tras una experiencia de aprendizaje, la incubación de conocimiento, es decir, el simple paso del tiempo, incluso sin sueño, puede ser suficiente para mejorar la capacidad previamente practicada.

Pero lo interesante llegó en una repetición de ese experimento en la que, tras afrontar los tripletes de la mañana, los sujetos tuvieron que completar una serie de analogías del tipo «*si a "patatas chips" le corresponde "salado", ¿qué le corresponde a "caramelos"?*». La gracia, no obstante, estaba en que al menos la mitad de las palabras que respondían correctamente a las analogías presentadas coincidían con las respuestas correctas a los tripletes de las 5 de la tarde. «*Dulce*», por ejemplo, además de ser la respuesta a la analogía del ejemplo anterior, es también la respuesta al triplete «*caramelo, sueño, glucosa*». De esa forma, sin que los sujetos lo supieran, las respuestas a las analogías de la mañana estaban primando las soluciones de los tripletes de la tarde. Pues bien, esta vez los sujetos que tras la experiencia de la mañana hicieron una siesta y tuvieron en ella sueño paradójico fueron significativamente mejores en hallar la solución a los tripletes de la tarde que los que permanecieron despiertos o también durmieron pero sólo en sueño de ondas lentas. En concreto, quienes tuvieron sueño paradójico durante la siesta hallaron un 40 % más de soluciones a los tripletes primados de la tarde respecto a los de la mañana.

En un tercer experimento del mismo grupo, los tripletes de la tarde fueron nuevos, diferentes a los de la mañana, y entonces ningún tipo de sueño ni la vigilia transcurrida antes del test mejoró la capacidad creativa de los sujetos. La prima proporcionada por la resolución de las analogías favoreció entonces, gracias al sueño paradójico, el hallazgo de las soluciones a los tripletes de la tarde. Los autores de este experimento atribuyen sus resultados a la posibilidad de que el sueño paradójico extienda la activación de las redes de neuronas que codifican las diferentes palabras, favoreciendo de ese modo la asociación entre las palabras del triplete con otra palabra históricamente relacionada con ellas.

Otros experimentos y observaciones en adultos han demostrado también las ventajas de un período de sueño posterior al aprendizaje para aprender a ubicarse en un laberinto virtual tridimensional, extrayendo las regularidades que permiten comprender su estructura espacial, y también la utilidad del sueño para aprender a extraer el significado lingüístico de caracteres chinos.

c) El sueño facilita inferencias de nuevo conocimiento

Los humanos estamos facultados para hacer inferencias, lo que significa que podemos extraer nuevo conocimiento a partir de premisas que nos sean dadas. Por ejemplo, si A es más que B y B es más que C, podemos inferir que A es más que C. O lo que es lo mismo, si Juan tiene un coeficiente de inteligencia mayor que Ana y Ana lo tiene mayor que Pedro, a partir de estas premisas podemos inferir que Juan tiene un mayor coeficiente de inteligencia que Pedro. Pero en muchos casos las inferencias no son posibles inmediatamente, pues requieren que transcurra un cierto tiempo tras las premisas. Eso significa que, tras su presentación, es necesario un procesamiento cerebral de las mismas para que den su fruto en inferencias, y es ahí donde el sueño adquiere también un importante papel, como veremos a continuación.

En un experimento de investigadores israelíes, norteamericanos y canadienses, 56 personas, hombres y mujeres, fueron expuestos a pares de premisas consistentes en objetos con la instrucción de elegir uno frente al otro en base al signo «>». Así, se estableció que si A > B, el objeto A (por ejemplo, una cara) debía elegirse sobre el B (por ejemplo, un reloj). De ese modo, los sujetos fueron expuestos a unas secuencias sucesivas de premisas-objetos, donde A > B, B > C, C > D, D > E y E > F. Siendo así, las premisas contenían implícitamente la jerarquía A > B > C > D > E > F, que, a priori, los sujetos desconocían. Tras el entrenamiento, los sujetos fueron divididos en tres grupos y, teniendo en cuenta las premisas del entrenamiento, a cada uno de ellos se le interrogó sobre inferencias de primer orden, como: *¿es A > C?*, o de segundo o tercer orden como: *¿es B > D?* o *¿es B > E?* El resultado fue que, aunque tanto los que fueron interrogados 12 horas después del entrenamiento sin haber dormido como los que tuvieron la ocasión de dormir en ese tiempo mostraron acierto en las inferencias, sólo los que durmieron consiguieron un 93 % de aciertos en los juicios más distantes, es decir, en las inferencias más difíciles, las del tipo B > E. Sorprendentemente, el sueño extrajo la inferencia difícil, la de más alto orden, bastante mejor que la vigilia, pues los sujetos que no durmieron durante las mencionadas 12 horas no superaron el 69 % de aciertos. Curiosamente, el beneficio del sueño no fue acompañado de una mayor confianza de los sujetos en sus aciertos.

d) El sueño facilita la conversión de conocimiento implícito en explícito

Con suficiente práctica, cualquier persona puede aprender a pulsar automáticamente, casi sin pensarlo, una secuencia de dígitos en un teclado o en la pantalla de un ordenador. El conocimiento que uno adquiere de ese modo es inconsciente, es decir, se adquiere una memoria implícita que generalmente suele mejorar tras un período de sueño, eso que anteriormente hemos llamado ganancia retardada del aprendizaje. Pero ahora sabemos que, además de potenciar la memoria adquirida, el sueño tras la práctica ayuda también a adquirir conciencia de lo aprendido, en el caso de nuestro ejemplo, a adquirir consciencia de la secuencia concreta de dígitos aprendida.

Un interesante experimento que compara a niños con adultos lo ha demostrado. Ambos aprendieron a pulsar una secuencia de botones conforme se iban iluminando sucesivamente en una pantalla. Después, los sujetos de ambos grupos tuvieron una noche de sueño. A la mañana siguiente se observaron dos cosas. Una, que los niños recordaban mejor que los adultos la secuencia aprendida, pues la practicaban con menos latencia de respuestas y menos errores. La otra y más interesante fue que también los niños fueron mejores que los adultos en convertir el conocimiento implícito aprendido en explícito, como se puso de manifiesto al ver que no sólo pulsaban los dígitos automáticamente con menos errores, sino que además conocían mejor que los adultos la secuencia específica aprendida, pues podían recitarla también verbalmente sin errores cuando se les pedía. Probablemente, la mayor ganancia de los niños en ambos aspectos es debida a que ellos duermen más y tienen más sueño de ondas lentas que los adultos. Otros datos experimentales muestran, además, que el conocimiento explícito de una memoria puede facilitar su consolidación durante el sueño, lo que significa que si cuando aprendemos algo automáticamente nos hacemos conscientes del proceso seguido, aumenta la probabilidad de que el sueño posterior potencie ese aprendizaje.

e) El sueño puede originar también falsas memorias

En otro ejemplo de combinación de información, las personas de un grupo fueron expuestas a una lista de palabras relacionadas entre ellas, como «*cama, descanso, despertar, cansado* y *soñar*», pero no a la palabra que las liga a todas, «*dormir*», en este caso. Curiosamente, tras una noche de sueño o incluso una siesta diurna muchas de esas personas creían que la palabra «*dormir*» figuraba también en la lista inicial, cuando en realidad nunca se les presentó previamente. Sin embargo, las personas que tras la experiencia inicial permanecieron en vigilia hasta el momento de la prueba no incluyeron esa palabra en su memoria del listado inicial. Parece entonces evidente que fue el sueño posterior al aprendizaje el responsable de dicha inclusión y la creación, por tanto, de una falsa memoria. Notemos que en un caso como éste y otros similares, la extracción de la palabra común, es decir, «*dormir*», no pudo hacerse en base a una única palabra original, sino a un conjunto en el que cada palabra tuviese relación con la común a descubrir. Estamos, pues, ante un caso de generalización sobre múltiples ítems que aquí son palabras. La esencia, por tanto, es decir, el elemento común, es extraído durante el sueño de grupos de ítems, pero las reglas, como anteriormente vimos, son inferidas de las relaciones entre esos ítems.

En conjunto y por todo lo dicho anteriormente podemos concluir que el sueño reconfigura la memoria y ayuda a editar los archivos mentales. Sincronizando la actividad de diferentes áreas del cerebro, el sueño las hace cooperar para extraer regularidades y obtener nueva información. Más allá de potenciar la memoria, contribuye poderosamente a estructurar y reorganizar sus contenidos y eso nos lleva a considerar la consolidación no como un objetivo final, sino como un paso intermedio para la construcción y actualización de conocimiento y para adquirir creencias generalizadas sobre el mundo. La selección y potenciación de las sinapsis relevantes que tiene lugar durante el sueño, según la teoría de la homeostasis sináptica, podría constituir al menos parte del mecanismo por el que la mente hace posibles todos los beneficios del sueño que hemos mencionado anteriormente. Todo ello no impide que algunas formas de aprendizaje y procesamiento mental puedan potenciarse también en ausencia de sueño.

¿Es el sueño la clave de la intuición y la creatividad?

El 17 de marzo de 1869, en la ciudad báltica de San Petersburgo, el físico ruso Dmitri Mendeléiev llevaba tres días encerrado en su casa tratando de descubrir la forma ideal de ordenar los elementos químicos hasta entonces conocidos. Una noche se quedó dormido sobre su escritorio hasta que, de repente, se despertó sobresaltado: sin saber cómo, durmiendo había concebido ese orden, y con él, la tabla periódica de los elementos químicos. No es el único caso, pues otros científicos, como el bioquímico Otto Loewi, o compositores musicales, como Paul McCartney, también manifestaron resolver problemas de creatividad mientras dormían.

La intuición y la creatividad han existido siempre, y nunca han dejado de asombrarnos. La opinión popular considera esas capacidades como algo sobrenatural y en cierto modo mágico, pues la ciencia todavía no ha podido explicar sus fundamentos. Quizá ahora ha llegado el momento de empezar a hacerlo. Aunque no coincidentes, intuición y creatividad son conceptos que tienen mucho en común. El primero implica resolución espontánea y aparentemente irracional de un problema. Por su parte, el sello distintivo de la creatividad es la novedad, la aparición de nuevas y extrañas asociaciones antes nunca vistas. Pero ambos se caracterizan por un conocimiento sobrevenido de manera oculta y casi sin pretenderlo. El sueño, como acabamos de explicar, es un gran promotor de ese tipo de conocimiento que surge como por arte de magia, pero que en realidad se basa en un reprocesamiento de la información precedente almacenada en los sistemas de memoria del cerebro. El conocimiento sobrevenido que hace posible el sueño se parece mucho al que nos llega cuando creemos intuir algo o haber descubierto una nueva relación entre cosas. Es posible que el sueño no sea la única clave de la intuición y la creatividad, pues aún nos queda mucho que investigar sobre el mismo, pero, por el momento, constituye uno de los principales argumentos al que podemos recurrir para explicar los fenómenos de la mente y el comportamiento de las personas que siempre nos han fascinado.

8

Amanecer y ocaso del aprendizaje y la memoria

Aprendizaje y memoria en la infancia

BASTANTE ANTES DE INGRESAR en la primera escuela, los niños ya muestran una gran capacidad de memoria. Casi tan pronto como empiezan a hablar, son capaces de recordar circunstancias y cosas del pasado, lo que significa que aprenden y ya tienen memoria episódica. Para evaluar esa memoria se les suelen presentar a los niños objetos sobre fondos de diversos colores y más tarde se les pregunta si han visto o no esos objetos y sobre qué color. La memoria en general mejora rápidamente en los niños como resultado de diversos factores. Uno importante es el desarrollo del hipocampo, cuyo volumen y mielinización crecen gradualmente con la edad determinando no sólo un mayor desarrollo de la memoria episódica, sino también el inicio de la memoria semántica. El hipocampo se desarrolla muy rápidamente en los primeros años de vida y más lentamente después. En el primer año su volumen se dobla y sigue aumentando el segundo año. Hay pruebas de que un ambiente cálido y afectivo durante la temprana infancia puede beneficiar el desarrollo del hipocampo en la infancia tardía. Las hay también de que ese desarrollo puede ser alterado por factores como el estrés maternal y el estrés o el maltrato del niño durante su infancia.

Estudios recientes han mostrado también que un compuesto inmunológico de la leche materna de ratones que protegen al recién nacido contra enfermedades infecciosas podría tener el costo adicional de influir en la producción de nuevas neuronas en la circunvolución dentada de su hipocampo, afectando entonces a su capacidad futura para adquirir aprendizaje y memoria espacial. Aunque todavía provisionales, los datos obtenidos indican que a mayor capacidad inmunológica trasmitida por la madre a los hijos a través de ese compuesto de su leche, menor capacidad futura de aprendizaje espacial tendrán esos descendientes. Según los autores del trabajo, las hormonas glucorreceptoras producidas por las madres que viven en un entorno estresante donde tienen que recorrer más territorio para evitar predadores podrían disminuir ese compuesto o factor inmunológico en su leche y transferir con ello a su prole una mayor capacidad para el aprendizaje espacial que le permita protegerse buscando comida por rutas alternativas cuando el entorno es peligroso. En cualquier caso, todo indica que, tras los primeros años de vida, el hipocampo ya tiene establecidas buena parte de sus funciones.

La corteza prefrontal tarda más en madurar, pero contribuye también significativamente al desarrollo de la memoria explícita durante la infancia. Las neuroimágenes funcionales muestran que las áreas posteriores y la temporal medial del cerebro maduran pronto, pero las frontales tardan más y continúan haciéndolo hasta el adulto joven. El desarrollo de la corteza prefrontal durante la infancia puede ser afectado por factores como la exposición intrauterina a drogas, el estrés crónico y la exposición del niño al agua con plomo. Muchos de estos factores son propios del estatus socioeconómico, por lo que los niños expuestos a un estatus bajo tienen más riesgo.

Con el desarrollo de la corteza prefrontal, particularmente la dorsolateral, aparece la memoria de trabajo, es decir, la capacidad del niño para retener y manipular información en la mente. Los experimentos con neuroimágenes funcionales han mostrado que cuanto más activa tienen los niños la corteza prefrontal, más capacidad tienen para seleccionar escenas visuales, para recordar y para llevar a cabo actividades mentales más complejas, como hacer juicios sobre objetivos relevantes o tomar decisiones. En esas actividades más complejas interviene, como ya vimos, la conectividad entre las cortezas prefrontal y parietal, la cual, en niños de entre 4 y 11 años, correlaciona con sus puntuaciones en pruebas matemáticas, con independencia de su coeficiente de inteligencia general. La circuitería neuronal básica de la memoria de trabajo y la cognición ejecutiva ya existen, por tanto, en la infancia temprana, aunque continúan refinándose en la adolescencia y en el adulto, como veremos a continuación.

Por lo que se refiere al aprendizaje de hábitos y al desarrollo de la memoria implícita, basado, como vimos, en los ganglios basales y su relación con la corteza cerebral y el cerebelo, hay datos tanto en monos como en niños de poca edad que muestran un desarrollo y maduración más rápido que el de la memoria explícita. En sujetos de ambas especies se ha podido observar capacidad muy temprana para realizar las discriminaciones visuales que permiten respuestas habituales de cierta complejidad. Desde muy jóvenes los niños son capaces de adquirir con precisión complejos aprendizajes motores, como los implicados en actividades deportivas y en la danza. En el Certamen oficial de jotas de Zaragoza de 2012, fui testigo presencial e impresionado de la gran precisión y coordinación con que bailaron Marta Biel y Daniel Ruiz, dos niños de 10 años, la muy complicada jota de Calanda.

El complejo cerebro del adolescente

> Cuando yo tenía catorce años mi padre era tan ignorante que no podía soportarlo. Pero cuando cumplí los veintiuno me pareció increíble lo mucho que mi padre había aprendido en tan sólo siete años.
>
> MARK TWAIN

¿Acaso muchos adolescentes presentan problemas de conducta y aprendizaje porque tienen alterado el funcionamiento de su cerebro? Para desconsuelo y a la vez esperanza de padres y educadores, algo de eso ocurre, pero no se trata de una anormalidad, sino de un proceso lento y especial de desarrollo cerebral que no culmina hasta después incluso de los 20 años de edad. Las investigaciones de hace ya algunos años mostraron resultados que indican que el cerebro de los adolescentes ni razona ni toma decisiones del mismo modo en que lo hace el de un adulto. En el Instituto Nacional de Salud Mental de Bethesda (EE.UU.), dirigido por el neurocientífico Jay Giedd, se llevó a cabo un excelente trabajo científico que apoya lo que acabamos de decir. Desde 1991, ese estudio siguió el curso de 2.000 personas, abarcando edades de entre 3 y 25 años y tomándoles neuroimágenes cerebrales de resonancia magnética cada dos años.

El resultado fue una sorprendente película que muestra cómo el cerebro va desarrollándose y cambiando entre los 5 y los 20 años. En ella se observa que la sustancia gris, relacionada con el número de neuronas, aumenta durante la infancia, pero al llegar la adolescencia empieza a adelgazarse progresivamente siguiendo una onda que se inicia en las partes posteriores del cerebro y avanza hacia las anteriores y prefrontales, a las que no alcanza hasta casi la edad adulta. Y como estas últimas partes son las más implicadas en el razonamiento y el control emocional, esa evolución podría explicar por qué los adolescentes tienen dificultades para desarrollar un razonamiento como el de los adultos y para controlar sus impulsos emocionales, incluyendo los agresivos. Ocurre, además, que ese proceso de adelgazamiento cerebral tiene lugar antes en las chicas que en los chicos, lo cual también coincide con el hecho bien conocido de que ellas maduran antes. El mismo equipo también ha mostrado que los individuos que muestran una onda de adelgazamiento neural más pronunciada y rápida suelen ser los más inteligentes.

En otro estudio más reciente, también con neuroimágenes funcionales y 52 adolescentes de ambos sexos de entre 11 y 17 años, se ha observado que, efectivamente, la superficie cortical se aplana durante la adolescencia, más en las partes frontales y occipitales, lo cual se manifiesta en un ensanchamiento de los surcos que hay en su superficie y en la disminución de su profundidad. Ese ensanchamiento parece relacionado con un adelgazamiento de la propia corteza cerebral con pérdida de superficie. Los datos indican un pico de volumen de sustancia gris alrededor de 10-12 años en los lóbulos frontal y parietal, que se va reduciendo en la adolescencia posterior. Además, entre adolescentes y adultos jóvenes se observan más diferencias individuales en las regiones frontales, es decir, en las anteriores y más relacionadas con la inteligencia general, que en las parietales, occipitales y temporales, o sea, en las posteriores y más relacionadas con procesos sensoriales y perceptivos.

Ahora sabemos también que aunque el volumen global del hipocampo permanece relativamente estable tras la temprana infancia, el hipocampo anterior pierde masa y el posterior la gana de los 4 a los 25 años, es decir, el hipocampo posterior continúa creciendo en la adolescencia. Todo ello parece promover una especialización regional para la memoria episódica. El equipo de Silvia Bunge, especialista norteamericana en neurobiología del desarrollo, cree que esa reducción de volumen hace posible una mayor selectividad del hipocampo anterior para la memoria episódica. Sus experimentos con resonancia magnética funcional muestran una progresiva mayor activación de esa región del hipocampo entre los 8 años y los adultos jóvenes cuando aprenden tareas de aprendizaje y memoria episódica, como reconocer determinados objetos en un contexto espacial. De ello deducen que el hipocampo se especializa para la memoria episódica en la transición de la infancia a la adolescencia.

Resulta sorprendente que el avance desde la adolescencia hacia el estado más maduro de los adultos dependa de una reducción y no de un aumento en el tamaño del cerebro. Y, ciertamente, lo que parece ocurrir es que el crecimiento cerebral de la infancia produce un número desmesurado de sinapsis, que podrían ser responsables de la alta actividad que hay a veces en el cerebro de los adolescentes y del modo mentalmente complejo en que suelen tratar incluso los asuntos más simples. A lo largo de la adolescencia, según Jay Giedd y sus colaboradores, se produce una especie de poda progresiva de esas sobreabundantes conexiones. Podría ser, entonces, que las neuronas y sinapsis que se mantienen son las que más se usan, desapareciendo las que no lo hacen o son poco influenciadas por las actividades que realizan los jóvenes. «Úsalo o piérdelo» podría ser esta vez el mensaje, aunque hay que ser prudentes, pues todavía no tenemos claro hasta qué punto un exceso de actividad (lenguas, música, deportes, viajes...) o determinados tipos de aprendizaje serían lo más conveniente.

Una interesante consecuencia del adelgazamiento de la sustancia gris del cerebro adolescente es que ello aumenta la *mielinización*, un proceso por el que las ramificaciones de las neuronas se cubren de una sustancia aislante que hace que conduzcan la información, es decir, los potenciales de acción, mucho más rápidamente. A medida que avanza ese proceso podría ir facilitando la comunicación entre regiones como la corteza prefrontal y el lóbulo temporal medial del cerebro, tan importantes, como hemos visto, para que tenga lugar el aprendizaje y la formación de las memorias.

Perdemos capacidad de aprender y recordar con la edad

Los mayores, cuando abren el frigorífico, muchas veces no recuerdan qué iban a buscar en él. Aunque se observan muchas diferencias individuales, es un hecho comprobado que las personas pierden capacidades cognitivas con la edad, y el aprendizaje y la memoria no son una excepción. Se ha sugerido que el declinar de la senectud no es aparente hasta después de los sesenta años, pero en algunas personas pueden ya observarse deterioros a partir incluso de los cuarenta. Los mayores procesan más lentamente la información y tienen especiales dificultades para aprender y recordar episodios y experiencias recientes, para encontrar el camino a ciertos lugares, para retener información y actualizarla en la memoria de trabajo y para prestar o mantener la atención a determinadas cosas o pensamientos, particularmente a más de uno a la vez. Su déficit afecta a la información verbal y no verbal y las dificultades son mayores cuanto más difícil es la tarea a aprender. Cuando la carga de información es alta, las personas mayores pierden precisión en la consolidación de las memorias y en el recuerdo. Lo bueno, por otro lado, es que la memoria semántica, la que no suele estar ligada a las experiencias personales, tiende a permanecer con la edad mucho más estable que la episódica. Igualmente, la sensación de familiaridad en la memoria de reconocimiento se mantiene más que el recuerdo preciso de los eventos o cosas. Sabemos también que los mayores tienden a recordar mejor los estímulos y situaciones asociados a emociones positivas que los asociados a emociones negativas.

La memoria de trabajo resulta particularmente afectada en la vejez. Cuando las tareas que hay que aprender requieren mantener información en la mente para dar respuestas retardadas, las personas mayores son muy susceptibles a la distracción incluso por cosas o estímulos irrelevantes, sin importancia. En un impresionante y reciente estudio con 55.753 personas de ambos sexos, de entre 8 y 75 años y residentes en 138 países, aunque la mayoría eran anglosajonas, se ha observado que la memoria de trabajo para la localización visual de objetos de distintas formas y colores progresa a lo largo de la infancia y la adolescencia alcanzando su mejor momento a los 20 años, pero a partir de entonces empieza a decaer de modo tan intenso que un adulto a los 55 años puede tener una memoria de trabajo más pobre que la de un niño de 8 o 9 años. En este importante estudio no se observaron diferencias en dicha pérdida entre hombres y mujeres en ningún rango de edad, es decir, que ambos sexos sufren el mismo deterioro de la memoria de trabajo cuando envejecen.

Los mayores pierden también progresivamente flexibilidad conductual, es decir, capacidad para cambiar de estrategias o invertir términos para aprender cuando las circunstancias lo requieren, como cuando nos perdemos en una ruta habitual y en lugar de conducirnos automáticamente tenemos que hacerlo guiándonos por señales del camino. La mayor parte de las pérdidas mencionadas en los mayores tienen que ver con lo que anteriormente hemos llamado cognición ejecutiva. Sus causas son diversas y han sido estudiadas, además de en humanos, en animales como la rata o el mono, que también presentan deterioros cognitivos comparables a los de las personas cuando envejecen. A algunas de las principales causas del deterioro en el aprendizaje y la memoria de los mayores nos referimos a continuación en diferentes subapartados.

a) Pérdidas sensoriales y perceptivas

Uno de los factores importantes que pueden afectar al aprendizaje y la memoria con la edad son las pérdidas que se producen en todas las modalidades sensoriales y perceptivas. Cuando se pierde sensibilidad sensorial muchos estímulos implicados en el aprendizaje de tareas diversas son más difíciles de captar e incluso pueden no alcanzar la mente de la persona mayor. Eso aumenta el esfuerzo necesario y disminuye la motivación para aprender. Pueden producirse, además, confusiones perceptivas. Una de ellas, conocida como *ilusión audiovisual*, consiste en que cuando los mayores ven destellos de luz en una pantalla al mismo tiempo que oyen sonidos que los acompañan, sincronizados a ellos o no, pueden confundir sonidos con luces y pueden «ver» el mismo número de sonidos y destellos aunque sean, de hecho, diferentes. Curiosamente, los mayores más propensos a las caídas son también los más propensos a este tipo de ilusiones perceptivas. Los mayores tienen también más problemas que los jóvenes para cambiar, por ejemplo, de luces a sonidos o viceversa, en pruebas de aprendizaje. No obstante, muchos de los déficits perceptivos de la vejez tienen un origen periférico, es decir, radican en fallos o alteraciones de los órganos de los sentidos, como, por ejemplo, las cataratas o lentes opacas en los ojos, y eso casi siempre es superable con una adecuada cirugía o con las prótesis convenientes en muchos casos.

b) Deterioro del hipocampo y del lóbulo temporal medial

Navegar, es decir, conducirse en el espacio para llegar a algún lugar pretendido es una tarea mentalmente compleja pues implica una serie de procesos de memoria, de percepción, de atención y de movimientos, todos los cuales son afectados por el envejecimiento. A las personas mayores les resulta más difícil conducirse cuando tienen que guiarse por señales del entorno que cuando siguen rutinariamente un camino conocido. Es más, el llegar a alguna parte puede dificultarse cuando, tras recorrer parte de un camino rutinariamente, llegamos a tramos complicados en los que hay que cambiar de estrategia para guiarnos por señales del entorno. La capacidad para esos cambios se dificulta con la edad.

Los mayores tardan también más que los jóvenes en formar mapas mentales del espacio en el que se desenvuelven y los utilizan con menor precisión. En un experimento en el que se comparó a un grupo de personas de entre 56 y 88 años con otro de personas de entre 18 y 22 años, los primeros, es decir los mayores, tuvieron muchas más dificultades que los jóvenes para hallar la ruta más corta a un determinado lugar después de haber explorado todos los posibles caminos presentados en la pantalla de un ordenador. Pero se observaron menos diferencias entre ambos grupos cuando sólo se trataba de recordar una ruta concreta previamente señalizada. Ello puede ser debido a que el hipocampo, que está más implicado como ya vimos en la memoria espacial y relacional, sufre más pérdida de volumen y deterioro con la edad que los núcleos estriados, más implicados en los hábitos motores.

Una prueba de ello es que las personas mayores del experimento anterior que tenían un hipocampo con mayor volumen, según pusieron de manifiesto las neuroimágenes que se les tomaron a su cerebro, fueron las que tuvieron menor dificultad para encontrar la ruta más corta después de haber explorado con anterioridad el entorno. Aunque el número de neuronas de las diferentes regiones del hipocampo no parece disminuir considerablemente con la edad, muchas de sus dendritas se deterioran y hay sinapsis que desaparecen o dejan de funcionar. En ratas viejas se ha observado, además, que las células de lugar del hipocampo alteran su funcionamiento presentando patrones de actividad menos estables ante estímulos constantes que los de las ratas jóvenes, y a la hora de recordar confunden las actividades de esas células con las correspondientes a distintas situaciones espaciales. Experimentos también recientes de investigadores italianos y chinos con sofisticadas técnicas en ratones viejos han mostrado más conexiones de las esperadas en los cerebros de estos animales, pero muchas de ellas erráticas y desordenadas, lo que les ha hecho pensar que más que pérdida de neuronas lo que pudiera alterar el funcionamiento del cerebro en la vejez podría ser un incremento en conexiones caprichosas entre ellas. Es probable, por tanto, que esas mismas pérdidas o alteraciones morfológicas y funcionales de las neuronas puedan ser también una característica del cerebro humano cuando envejece.

c) Deterioro de la corteza prefrontal

Al igual que ocurre con el hipocampo, uno de los hallazgos más consistentes en el cerebro de las personas mayores es la reducción en el volumen de la corteza prefrontal, la implicada en funciones de memoria de trabajo y cognición ejecutiva. En monos se ha comprobado que esa pérdida de volumen prefrontal se correlaciona bien con las pérdidas de memoria. En humanos, y siendo el retardo en las respuestas una característica muy propia de las tareas donde está implicada la memoria de trabajo, no es extraño que las personas mayores, al sufrir cambios en su corteza prefrontal, tengan por ello dificultad para aprender y ejecutar ese tipo de tareas, sobre todo cuando los retardos son de larga duración, lo que aumenta la probabilidad de que, como frecuentemente ocurre, puedan distraerse durante ellos. En un principio se creyó que el menor volumen de la corteza prefrontal implicaba una pérdida progresiva de neuronas en esa área del cerebro al llegar a la senectud, pero ahora sabemos que el número de células nerviosas durante la vejez, al igual que ocurre en el hipocampo, varía muy poco. Aquí también la disminución del volumen prefrontal parece más relacionada con la pérdida de sinapsis y la reducción de espinas dendríticas, lo que sin duda puede contribuir, si no justificar, las mayores dificultades que tienen los mayores para aprender y recordar.

Un experimento reciente con monos viejos ha mostrado una reducción en la persistencia de la actividad de las neuronas de la corteza prefrontal que tiene lugar durante los períodos de retardo en las tareas de memoria de trabajo. Eso es algo que podría relacionarse con su mayor dificultad para retener información en la mente durante tiempos prolongados y, por ello, con su mayor dificultad para utilizar ese tipo de memoria en las tareas que lo requieren. En otros experimentos se han observado también pérdidas de plasticidad en las espinas dendríticas de la corteza prefrontal de ratas viejas. Es probable que muchas de esas alteraciones formen también parte del envejecimiento normal en las personas. La buena noticia es que conociéndolas pueden desarrollarse tratamientos farmacológicos que, restaurando la actividad normal de las neuronas afectadas, reduzcan las pérdidas de memoria en el envejecimiento.

El aprendizaje de secuencias motoras complejas también se dificulta con la edad, y ha sido asociado no sólo a la reducción de volumen en la corteza prefrontal, sino a la que también se observa en los núcleos estriados, como el caudado y el putamen, muy relacionados, como ya vimos, con el aprendizaje motor y la memoria implícita. En otros territorios cerebrales, como la corteza visual, la pérdida es mucho menos acusada pues apenas varía con los años. Las habilidades lingüísticas permanecen también bastante inalterables en la senectud, lo que indica que las áreas corticales de las que dependen tampoco sufren apenas deterioro.

d) Alteraciones epigenéticas

La epigenética también parece cambiar con la edad, pues en el hipocampo de ratas viejas se ha observado modificaciones irregulares en las histonas, las proteínas que determinan que los genes contenidos en el ADN de los cromosomas puedan o no expresarse. Algunos de esos cambios se han observado en relación con la expresión de proteínas, como la Arc, implicadas en la formación de nuevas sinapsis y en los procesos de formación de las memorias. En cerebros humanos, recientemente se ha identificado una nueva proteína, la RBAP48, deficitaria en los mayores en comparación con los jóvenes, e implicada en la modificación de las histonas. Esa carencia podría relacionarse con la mayor dificultad de los mayores para aprender y recordar, pues cuando se reduce esa misma proteína mediante técnicas de ingeniería genética en ratones jóvenes, se observan en ellos déficits de memoria similares a los que tienen normalmente los ratones viejos. Más aún, la inducción mediante técnicas de ingeniería genética de la proteína RBAP48 en el hipocampo de ratones viejos sirvió también para mejorar su memoria. Se trata, por consiguiente, de una proteína con influencias epigenéticas que se pierden al reducirse progresivamente su presencia con el envejecimiento. Es posible, por tanto, que los tratamientos farmacológicos que regulen las modificaciones epigenéticas puedan ser también un modo eficaz de recuperar, al menos en parte, la capacidad de memoria que se pierde con el envejecimiento.

e) Disminución de la neurogénesis

El envejecimiento suele estar también asociado a una reducción en la capacidad general del organismo para mantener y reparar los tejidos orgánicos. Muchos tejidos pueden perder esa capacidad no sólo por deficiencias relacionadas con el riego sanguíneo y el correspondiente aporte de nutrientes, sino también por pérdidas de capacidad de los propios tejidos para regenerarse. En este sentido podemos destacar el hecho de que en el cerebro y con la edad disminuye la neurogénesis, es decir, la formación a partir de células madre de nuevas neuronas que pudieran sustituir a las que se van perdiendo o pasar a formar parte de los circuitos que representan las nuevas memorias en formación. En ratones viejos se ha observado que esa reducción en neurogénesis disminuye no sólo la capacidad olfativa de los animales, sino también su capacidad de aprendizaje en tareas de discriminación de olores.

Un reciente trabajo con ratones muestra, además, que la sangre de los animales viejos contiene un exceso de la proteína cotaxina, que inyectada en el sistema circulatorio de animales jóvenes reduce la formación de nuevas neuronas en su hipocampo. En la medida en que las nuevas neuronas pueden pasar a formar parte de los circuitos neuronales que representan lo aprendido, dicha proteína puede ser un importante factor del plasma sanguíneo capaz de afectar negativamente el aprendizaje y la memoria de los mayores. El envejecimiento, por tanto, podría viajar también por la sangre. Necesitamos comprobar si lo que ocurre en los ratones viejos puede ocurrir también en las personas mayores.

f) Cambios en el sueño

Por último, un importante cambio en relación con la memoria a tener en cuenta en la vejez es el que se produce en la capacidad de dormir. Ya tuvimos ocasión de ver la importancia que tiene el sueño para la consolidación de la memoria y la estructuración de los contenidos de la mente. Es de suponer, por ello, que su disminución y los cambios en su duración y calidad que tienen lugar a lo largo de la vida, especialmente, durante la vejez, afecten también a la capacidad de los mayores para aprender y recordar. Una clara prueba son los resultados de un reciente estudio en el que un grupo de niños de entre 8 y

11 años fue comparado con otro de adultos de entre 18 y 35 años en un aprendizaje consistente en pulsar repetidamente y lo más rápido posible una secuencia de 8 botones según se iluminaban. Parte de los sujetos de ambos grupos hicieron la prueba por la tarde, antes de ir a dormir, y el resto lo hicieron a la mañana siguiente, después de una noche de sueño. A todos los sujetos se les hizo un test de memoria 10 o 12 horas más tarde para ver si recordaban la secuencia aprendida.

Como era de esperar, ambos grupos, los niños y los adultos, tanto si aprendieron por la tarde como por la mañana, mostraron la ganancia retardada que este tipo de aprendizaje produce sin que medie más práctica por medio, es decir, sólo con el paso del tiempo tras el entrenamiento inicial. Así, todos los sujetos ganaron en rapidez y precisión en el test de memoria que les hacía repetir automáticamente la secuencia de movimientos aprendidos. Pero cuando se les preguntó cuál era esa secuencia, es decir, cuál era su memoria explícita de lo aprendido, los sujetos que habían tenido una noche de sueño tras el entrenamiento, niños y adultos, superaron a quienes no durmieron entre el entrenamiento y la prueba de memoria. Y lo más sorprendente fue que en esta última prueba los niños, que generalmente duermen más tiempo que los adultos y tienen más sueño de ondas lentas, se beneficiaron mucho más del sueño que los adultos, pues casi todos ellos recordaron sin error la secuencia de los 8 dígitos aprendida. Los adultos también se beneficiaron del sueño, pero menos. Con la edad, por tanto, las personas perdemos capacidad para beneficiarnos de ese importante mecanismo potenciador de la memoria que es el sueño.

El error de predicción en la vejez

Ya tuvimos ocasión de ver la importancia estratégica que tiene el error de predicción a la hora de establecer asociaciones entre estímulos y aprendizaje. Igualmente vimos el papel que juega el neurotransmisor dopamina como parte esencial de los mecanismos neuronales que se activan cuando lo que ocurre difiere en algún modo o grado de lo que se espera que ocurra. Recordemos también que cuando esa diferencia no se da, el error de predicción es nulo y los estímulos presentes pueden no quedar asociados. Lo que ahora nos preguntamos es qué ocurre cuando con la edad avanzada muchas neuronas dopaminérgicas van muriendo y, por tanto, el neurotransmisor que señala el error de predicción va perdiendo eficacia. En los adultos, la dopamina se va perdiendo en unas tasas de alrededor del 10 % por década. Nos preguntamos entonces si todos o algunos de los déficits que se observan en el aprendizaje y la memoria de los mayores podrían deberse a esa progresiva pérdida de la dopamina cerebral.

Un modo de responder a estas cuestiones consiste en comprobar si la administración de drogas como la L-dopa, promotoras de la síntesis de dopamina en el cerebro, puede mejorar, no sólo los síntomas de enfermedades básicamente motoras, como el Parkinson, en los individuos que la padezcan, sino también las capacidades de aprendizaje y memoria que se pierden progresivamente en esos individuos, o incluso en los sujetos normales que no padecen enfermedad neurológica alguna. Así parece ser, como han mostrado los resultados de un experimento en el que la administración de L-dopa mejoró significativamente en los mayores el recuerdo de escenas visuales que habían contemplado 6 horas antes.

En otro experimento reciente de investigadores europeos, cada una de 32 personas de entre 67 y 73 años fue situada en una máquina de resonancia magnética funcional para ver las partes de su cerebro que se activaban cuando realizaba una tarea de aprendizaje en un ordenador. Era una tarea simple, pues consistía en elegir una de dos opciones, un triángulo o un círculo, para obtener una recompensa monetaria. En sucesivos ensayos, la persona aprendía que, por ejemplo, cuando seleccionaba el círculo recibía el premio y por tanto insistía en elegir esa opción. Pero algunas veces el experimentador le cambiaba el criterio haciendo que fuese el triángulo y no el círculo la opción premiada. Cuando eso ocurre se produce un error de predicción, pues el sujeto espera una cosa y lo que ocurre es otra. Gracias a ese error el sujeto aprende, es decir, adapta su comportamiento a la nueva situación.

Como era de esperar, los mayores fueron más lentos que los jóvenes en aprender y adaptarse, y los investigadores sospecharon que eso podría deberse a la menor disponibilidad de dopamina en su cerebro. Les hicieron entonces un tratamiento con L-dopa que aumentó su dopamina cerebral y entonces, tal como esperaban, comprobaron que aprendían más rápido. Además, gracias a las neuroimágenes funcionales observaron que durante el aprendizaje aumentaba también la actividad de las neuronas de los núcleos estriados de los sujetos mayores tratados con la droga, particularmente en el núcleo accumbens, lo que indicó una mayor liberación de dopamina en esos núcleos y, por tanto, un mayor error de predicción. Aunque estos resultados deben ser confirmados y ampliados en nuevos experimentos, no dejan de indicar que la pérdida de dopamina puede contribuir significativamente al deterioro de la memoria en la vejez. Pero son a la vez estimulantes porque indican que los tratamientos que restauran los niveles cerebrales de dopamina pueden ayudar a superar los déficits de esas edades.

Cómo superan el déficit mental los mayores

La pérdida de masa cerebral en el adulto se ha calculado entre el 1 y el 2 % del total del cerebro por cada año que pasa, aunque, como hemos visto, esa disminución afecta más a regiones como el hipocampo o la corteza prefrontal que a otras. La tasa de pérdida también varía, pues la masa del hipocampo decrece más rápidamente que la de la corteza prefrontal. Pero esa pérdida se ve compensada por una característica frecuentemente observada en el funcionamiento del cerebro de los mayores. Consiste en la activación para una misma tarea de más áreas cerebrales que las que se activan en el cerebro de los jóvenes. Las neuroimágenes funcionales han mostrado que, cuando recuerdan memorias autobiográficas, los mayores activan con frecuencia los hipocampos de ambos hemisferios, el izquierdo y el derecho, mientras que los jóvenes suelen activar sólo el izquierdo para el mismo tipo de memorias. Se ha sugerido entonces que los mayores usan los dos hemisferios para procesar información relativamente sencilla, mientras que los jóvenes sólo usan ambos hemisferios para las tareas que implican mayor dificultad. Al igual que ocurre con el hipocampo, los mayores también suelen activar más áreas de la corteza prefrontal que los jóvenes para ejecutar las mismas tareas, lo que confirma la capacidad del cerebro senil para poner en juego recursos neuronales adicionales que permitan preservar las funciones cognitivas. El reclutamiento de áreas adicionales para recordar episodios de tiempo y contextos se ha considerado entonces un mecanismo de compensación neuronal que los mayores utilizan para superar los déficits propios de su edad.

9

Cómo facilitar el aprendizaje y la memoria

Si quieres aprender, enseña.

MARCO TULIO CICERÓN

NUESTRO EQUIPO DE LA UNIVERSIDAD Autónoma de Barcelona ha investigado durante años la facilitación del aprendizaje y la memoria en ratas. Mediante técnicas y procedimientos como la estimulación eléctrica del cerebro o la administración de hormonas y otras sustancias químicas, hemos mostrado que es posible incrementar la capacidad de aprendizaje y memoria no sólo en animales jóvenes y sanos, sino también en animales viejos o con daño cerebral. En uno de nuestros experimentos, las ratas poco aprendedoras igualaron en memoria a las muy aprendedoras cuando tras el aprendizaje recibieron un tratamiento de *autoestimulación eléctrica intracraneal* (figura 13). En otro experimento observamos cómo ese mismo tratamiento hacía que las ratas viejas con daño cerebral superasen en memoria a las ratas jóvenes con un cerebro sano. Ello pone de manifiesto la plasticidad cerebral para el aprendizaje y la memoria y nos estimula a seguir investigando los mecanismos del cerebro que hacen posible esa facilitación. Recientemente hemos llevado a cabo nuevos experimentos cuyos resultados muestran también cómo esos tratamientos de estimulación eléctrica cerebral pueden activar genes y producen cambios morfológicos en las neuronas que muy probablemente son los responsables de las facilitaciones observadas en el aprendizaje y la formación de las memorias. Tratamientos similares de estimulación eléctrica cerebral son ahora utilizados en hospitales o centros sanitarios de diferentes países tratando de conocer su potencial terapéutico en enfermedades que afectan al aprendizaje y la memoria, como el Parkinson o el Alzheimer.

En los últimos años ha habido también una creciente demanda de sustancias químicas o farmacológicas capaces de potenciar los procesos mentales tanto en situaciones normales como en el envejecimiento o en situaciones patológicas. Son muchas y variadas las que, actuando sobre alguno de los diferentes mecanismos neuronales comentados a lo largo de este libro, modulan los procesos de aprendizaje y memoria. Algunas lo hacen de un modo sistémico, facilitando el metabolismo general o la circulación y el aporte de sangre al cerebro, particularmente en la vejez, que es cuando los procesos mentales están más deteriorados. Pero la investigación realizada todavía no nos ha permitido desarrollar un tratamiento farmacológico que facilite el aprendizaje y la memoria de un modo específico, con eficacia y sin efectos secundarios perjudiciales. Afortunadamente, salvo en situaciones de patología o enfermedad, tampoco son necesarios, pues hay muchos modos, relativamente fáciles de implementar, que pueden fomentar el aprendizaje y la memoria, tanto en personas normales como en las que tienen dificultades para aprender, sin tener que recurrir a ningún tipo de droga. Ninguno de ellos es milagroso y capaz de superar las limitaciones biológicas de cada individuo, pero todos, individualmente o combinados, son útiles para potenciar el aprendizaje y la formación de memorias de larga duración y consistencia.

Recordemos, antes de nada, la importancia del sueño anterior y posterior al aprendizaje, como un determinante biológico de primera magnitud capaz de potenciar la formación de la memoria y la integración del material aprendido en la información preexistente en el cerebro. Igualmente, el deporte y la actividad física preparan al cerebro para aprender. Después, hay procedimientos muchas veces olvidados o desconsiderados en los diferentes niveles de enseñanza, cuya versatilidad y eficacia ha sido recientemente demostrada en experimentos científicos que muestran también los mecanismos cerebrales que esos procedimientos promueven. A algunos de los más importantes nos referimos a continuación con cierto detalle.

Practicar deporte y actividades físicas diversas

De todos los factores que promueven el aprendizaje y la memoria, al igual que otras muchas facultades mentales, el ejercicio físico es el que podríamos considerar más milagroso. Hay numerosas pruebas científicas que demuestran que el ejercicio físico aeróbico, es decir, el que necesita y se acompaña de la respiración, beneficia las capacidades cerebrales tanto en el niño como en el adulto, particularmente aquellas basadas en la interacción entre el lóbulo frontal y el temporal medial, como la memoria de trabajo y la cognición ejecutiva. Un programa de actividad física de 10 semanas con 32 adultos de entre 23 y 62 años no sólo mejoró la salud y disminuyó la ansiedad y el estrés de los participantes, sino que además mejoró su rendimiento en el aprendizaje de tareas ejecutivas. Pero no es necesario tanto tiempo, porque treinta minutos de marcha en bicicleta o carrera pueden ser suficientes para mejorar el tiempo de reacción y la velocidad de procesamiento de la información en el cerebro. Los adultos que son regular y físicamente activos tienen más probabilidad que los inactivos de un mejor rendimiento en tareas ejecutivas y de aprendizaje en general. Y esa ejecución aumenta todavía más si se combinan actividades físicas diversas, como caminar, montar en bicicleta, correr, nadar y otros deportes.

Un amplio estudio con 3.147 parejas de hermanos gemelos, muchos de ellos monocigóticos, es decir, con idéntica herencia genética, puso de manifiesto que era el tipo de vida de cada persona y no sus genes lo que más influyó en la alta correlación observada entre la buena forma física y la capacidad mental de los participantes. Igualmente, en una muestra de 1.927 adultos con edades entre 45 y 70 años se ha observado que los que tienen actividad física semanal más intensa tienen también una mejor memoria y mayor flexibilidad y velocidad de procesamiento de información mental. El análisis de una amplia muestra de sujetos en Suecia ha mostrado que los que tienen una buena salud cardiovascular a los 18 años presentan mayores habilidades mentales en tareas lógicas, verbales, visoespaciales y técnicas a esa misma edad. Incluso 6 meses de clases de baile pueden ser beneficiosos para el aprendizaje y la memoria, pues se trata de una actividad física que activa a la vez muchas funciones cerebrales, como la percepción, la emoción y el control del movimiento. Otro descubrimiento importante es que la actividad física temprana y regular a lo largo de la vida preserva las facultades cognitivas en la vejez.

Los experimentos con ratas realizados en nuestro propio laboratorio de la Universidad Autónoma de Barcelona han mostrado también que el efecto sobre el aprendizaje y la memoria del ejercicio voluntario de larga duración depende de factores como el tipo de tarea evaluada y el nivel de ejercicio realizado. Los datos en humanos indican que, en general, el ejercicio físico de alta intensidad beneficia más a la velocidad de procesamiento de la información, y el ejercicio moderado, a la memoria de trabajo, la inhibición de información irrelevante y la flexibilidad atencional. Pero es importante señalar también que la misma cantidad o tipo de actividad física no beneficia por igual a todos los individuos, es decir, hay muchas diferencias entre personas en su efecto. El resultado puede depender, además, del tipo de actividad mental que se evalúe tras el ejercicio físico.

Todo lo anterior tiene una explicación fisiológica, pues son muchos los efectos de la actividad y el ejercicio físico sobre el cerebro y sus neuronas. En primer lugar, esa actividad promueve y aumenta la cantidad de sustancias neurotróficas, como el BDNF, que incrementan la plasticidad sináptica, la neurogénesis y la vascularización del cerebro. El ejercicio físico, como muestra un trabajo reciente, podría remodelar la cromatina que contiene el gen para la expresión de esa importante sustancia neurotrófica. La epigenética, por tanto, podría determinar la influencia de la actividad física en los procesos mentales. También se ha comprobado que la actividad física reduce la pérdida de volumen cerebral, particularmente del hipocampo. Un reciente estudio con 120 personas y una edad media de 67 años ha mostrado que un programa de actividad física consistente en aumentar cada día el tiempo de caminar hasta hacerlo durante 40 minutos diarios varias semanas aumentó el volumen del hipocampo en un 2 %, invirtiendo por tanto la tendencia a reducirse en esa edad. Ese incremento conllevó, además, el aumento de BDNF en el hipocampo y una mejora de la memoria, particularmente la espacial. En ratones y también en humanos se ha demostrado que uno de los beneficios del aumento de la neurogénesis que hace posible el BDNF es la reorganización de los circuitos neuronales del hipocampo para distinguir mejor entre estímulos espaciales muy similares a la hora de recordar.

El mejor tiempo del día para aprender

No todos los momentos del día son igualmente buenos para aprender. En algunos nos sentimos más despiertos, con más capacidad de atención y más actividad y en otros con menos. Todos tenemos una idea más o menos clara de las horas del día en que nos sentimos más capaces para realizar estudios o actividades complejas. Y suelen ser siempre las mismas horas del día para cada persona. Estamos hablando de ritmos circadianos, es decir, de variaciones periódicas y regulares de nuestro comportamiento y fisiología que se producen cada 24 horas y sirven para ajustar el organismo al tiempo geofísico de nuestro planeta. Algo así como un ajuste entre el tiempo externo y el interno. El mejor ejemplo es el ritmo sueño/vigilia, que consiste en que cada día y regularmente a lo largo de toda la vida dormimos aproximadamente 8 horas y el resto del tiempo permanecemos en vigilia. Pero tenemos también ritmos circadianos similares en la actividad física, en la temperatura y en la producción de muchas de las hormonas de nuestro cuerpo.

Los ritmos circadianos están controlados por genes que se activan y desactivan a modo de relojes biológicos.

Algunos de esos genes se encuentran en las neuronas de estructuras cerebrales importantes para el aprendizaje, como el hipocampo. Su activación o desactivación puede modificar la expresión de muchas de las moléculas implicadas en la PLP y la plasticidad sináptica y afectar también a la génesis de nuevas neuronas o a la muerte de muchas de ellas. En ratones se ha comprobado que la expresión de los genes implicados en los ritmos circadianos afecta a la memoria, lo que significa que la plasticidad sináptica y la capacidad de aprendizaje son mayores en las horas del día en que dichos genes tienen más activos esos procesos y ésa es la razón de que determinados momentos del día sean mejores que otros para aprender. Ocurre, además, que la alteración de los ritmos de actividad y descanso reduce la capacidad de aprendizaje de las personas, por lo que si queremos mantener nuestro organismo en la mejor forma física y mental es importante no alterar demasiado esos ritmos con cambios drásticos y reiterativos en nuestros hábitos y planes vitales.

Entrenar la memoria de trabajo

La memoria de trabajo es una función cerebral muy importante para aprender y adquirir nuevos conocimientos y habilidades y está muy relacionada, como ya vimos, con la inteligencia fluida, la capacidad de razonar y resolver problemas nuevos con independencia del conocimiento previamente adquirido. Ambas facultades, la memoria de trabajo y la inteligencia fluida, son buenos predictores del rendimiento académico y profesional futuros, especialmente en ambientes complejos y demandantes. La posibilidad de que el entrenamiento en memoria de trabajo aumente las capacidades mentales tiene una especial trascendencia que incluye la monetaria, pues no son pocas las empresas que se han puesto a desarrollar y comercializar programas especiales, muchos de ellos informáticos, para conseguirlo.

Una típica tarea utilizada para el entrenamiento en memoria de trabajo es la *n-atrás* (*n-back* o *n* pasos atrás), que consiste generalmente en una figura que va apareciendo y desapareciendo sucesivamente en una pantalla y el practicante tiene que recordar si cada vez que aparece lo hace en el mismo lugar anterior o en uno diferente. La dificultad de esta tarea puede incrementarse haciendo que el sujeto tenga que recordar si la ubicación de la figura que aparece en la pantalla era la misma un cierto número de veces atrás. El juego puede ser entonces 1-atrás, 2-atrás, 3-atrás, etc. La *n-atrás* se hizo popular porque en algún momento pareció una fórmula milagrosa de entrenamiento en memoria de trabajo para mejorar la inteligencia fluida de las personas. Se ha dicho que esa mejora puede ocurrir con tan sólo 20 minutos de práctica diaria durante 20 días. Algunos trabajos electrofisiológicos y con neuroimágenes han puesto de manifiesto que la práctica en tareas *n-atrás* aumenta la eficiencia de las redes neuronales implicadas en ella, como demuestra la observación de cambios en la actividad de esas redes paralelos a los que se dan en velocidad y automatización de la ejecución en la tarea entrenada.

Los niños de 12 años y los adultos jóvenes que practicaron durante 6 semanas una tarea de memoria de trabajo consistente en ver una secuencia de objetos en una pantalla y, tras un intervalo de tiempo, recordarlos en un orden directo o inverso al que habían aparecido, mostraron una mejor ejecución en esa misma tarea durante por lo menos 6 meses tras el entrenamiento. Pero lo más interesante que se observó fue que, si bien antes del mismo las neuroimágenes funcionales de esos niños y jóvenes mostraron más activación en sus cortezas cerebrales frontal y parietal que en las de los adultos cuando practicaban, después del entrenamiento esas diferencias se redujeron, lo que sugiere que, al menos en los niños y jóvenes, el entrenamiento extensivo puede servir para facilitar la activación en las áreas del cerebro implicadas en la memoria de trabajo. En general, tras la práctica en memoria de trabajo se observa un mayor reclutamiento de regiones cerebrales para la tarea entrenada, y tanto en humanos como en monos se observan incrementos en la actividad de la corteza prefrontal tras el entrenamiento. María Rosario Rueda y otros investigadores de la Universidad de Granada han observado que los mecanismos cerebrales de la atención ejecutiva se facilitan con el entrenamiento en niños de edad preescolar y esa facilitación puede durar al menos dos meses. La mayoría de resultados disponibles indican, por tanto, que la memoria de trabajo puede entrenarse para mejorar.

Una cosa diferente y muy importante es si el beneficio conseguido tras el entrenamiento en tareas específicas de memoria de trabajo, como la *n-atrás*, puede transferirse y mejorar el rendimiento en otras tareas diferentes, como la lectura o la fluidez en el razonamiento. Para comprobarlo, un grupo de investigadores suizos utilizó el entrenamiento en una tarea *n-atrás* muy demandante, pues incluía estímulos visuales y auditivos presentados simultáneamente cada 3 segundos y el sujeto tenía que responder si cada presentación igualaba o no a la presentada *n* veces atrás. Antes y después del entrenamiento se pasaba un test de inteligencia fluida consistente en problemas de analogía visual de dificultad creciente. En cada uno de ellos aparecía una matriz de modelos visuales en la que faltaba uno para completarla. El sujeto tenía que decidir cuál era el que faltaba de entre una serie de posibilidades que se le ofrecían. Los resultados mostraron que cuanto más entrenamiento hubo en la tarea *n-atrás* (de 8 a 19 sesiones) más transferencia hubo a la inteligencia fluida, es decir, más mejoraron los sujetos en su ejecución de los problemas de analogía visual al comparar lo que hicieron antes y después del entrenamiento.

La decepción, no obstante, vino de un extenso estudio de investigadores ingleses y la BBC en el que se entrenó durante 6 semanas a 11.430 voluntarios de entre 18 y 60 años mediante programas de ordenador en diversas tareas ejecutivas diseñadas para mejorar el razonamiento y la memoria, la planificación, las habilidades visoespaciales y la atención. El resultado mostró mejoras tras el entrenamiento para cada una de las tareas entrenadas, pero no lo hizo para otros tipos de tareas no entrenadas. Aunque los resultados de este estudio han sido criticados alegando que el entrenamiento no fue de duración suficiente para generar esos efectos, los metaanálisis recientes sobre el tema muestran que, aunque con frecuencia cuando hay entrenamiento en memoria de trabajo se da alguna transferencia de poca duración temporal a alguna otra capacidad cognitiva, eso no ocurre siempre, quizá porque aún no están claras las condiciones necesarias para que ocurra.

Es por eso que se sigue investigando y un trabajo aún más reciente renueva las esperanzas de logros positivos en transferencia de capacidades mentales cuando se practica la memoria de trabajo. Consistió en el entrenamiento en un juego de video tridimensional (*NeuroRacer*) especialmente diseñado para realizar diversas tareas a la vez. Quienes mejor realizaban esas tareas en un grupo de 174 sujetos eran los jóvenes de unos 20 años, pero la ejecución se empobrecía progresivamente desde esa edad hasta los 80 años. No obstante, la práctica de una hora al día tres veces a la semana mejoró el rendimiento de un grupo de personas de entre 60 y 85 años hasta el punto de que superaron en la tarea a los jóvenes que no habían practicado. Y lo más relevante fue que la mejora se transfirió a capacidades no entrenadas, como la atención sostenida o la memoria de trabajo. Mejor aún, los cambios correlativos observados en la actividad eléctrica del cerebro de los sujetos junto con esa mejora transferida se prolongaron al menos durante 6 meses. No todo son, por tanto, malas noticias en cuanto a la posibilidad de que los videojuegos y otros artilugios puedan servir de instrumentos prácticos para mejorar las capacidades cognitivas tanto en niños y adultos como en personas mayores.

La explicación de los resultados contradictorios y, al mismo tiempo, la clave de la transferencia podría estar, como anteriormente insinuamos, en la cantidad y el tipo de práctica realizada. Silvia Bunge y otros investigadores de la Universidad de California en Berkeley observaron cambios importantes y duraderos en el cerebro de quienes practicaron intensivamente tareas complejas de razonamiento. Así, la sustancia blanca, es decir, las conexiones entre áreas muy importantes para el razonamiento, como los lóbulos frontal y parietal y las conexiones entre hemisferios cerebrales, aumentó significativamente en 26 estudiantes que practicaron con intensidad, es decir, un total de 100 horas en tres meses, en un test de razonamiento utilizado como criterio de admisión en la Facultad de Derecho. Ese test insistía en problemas de razonamiento fluido, que es el que requiere el tratamiento de situaciones o problemas nuevos más que la repetición de viejas experiencias o conocimientos. Los cambios observados, susceptibles de afectar incluso al coeficiente de inteligencia de los sujetos, se prolongaron por meses, pero esos resultados, que son todavía únicos, han sido estadísticamente cuestionados y necesitan ser confirmados en nuevos experimentos con un mayor número de sujetos.

En general se considera que, para que pueda haber una transferencia de capacidad, las tareas implicadas deben compartir algún proceso o componente fisiológico en el cerebro. Por ejemplo, para que tras el entrenamiento en memoria de trabajo haya transferencia y mejore al mismo tiempo la inteligencia fluida, ambas entidades deberían compartir y activar procesos o mecanismos neuronales similares. Para Silvia Bunge (*comunicación personal*) una buena analogía con el entrenamiento cognitivo es el entrenamiento físico. Si en el gimnasio nos entrenamos para fortalecer los brazos, no debemos esperar que queden fortalecidas al mismo tiempo las piernas, pero si nos entrenamos en actividades que implican a todo el cuerpo es más probable que los beneficios sean más amplios. Análogamente, si practicamos en procesos mentales múltiples y no sólo en un determinado proceso como la memoria de trabajo, es probable que encontremos alguna transferencia de beneficio a actividades no específicamente entrenadas. Digamos, por último, que la memoria de trabajo también ha sido evaluada considerando la actividad del neurotransmisor dopamina en la corteza prefrontal, pues los sujetos con más dopamina en esa parte del cerebro suelen tener mejor ese tipo de memoria. Se ha sugerido entonces que la medida de dopamina prefrontal, e incluso de otros neurotransmisores, como la acetilcolina o el glutamato, podrían servir como un índice de los cambios en la capacidad de memoria de trabajo que resultan del entrenamiento y la práctica en tareas propias de la misma.

Guiar el aprendizaje con preguntas

En algunos niveles educativos, y particularmente en la universidad, es frecuente que el estudiante que no ha sido bien instruido sobre el trabajo a realizar sufra una cierta confusión cuando no sabe bien dónde concentrarse y a qué apartados o explicaciones de los textos que estudia, sean libros, artículos u otros materiales, prestar más atención. *¿Es esto lo que debo estudiar? ¿Esto entrará en el examen?*, son preguntas frecuentes. Esa confusión es grave porque es una fuente importante de cansancio y desmotivación de los alumnos. Pero es un problema que tiene fácil solución, pues el estudio del alumno puede ser guiado por preguntas cuidadosamente calculadas por el profesor para que sus posibles respuestas abarquen los contenidos más importantes de la materia estudiada. Es un procedimiento que motiva al estudiante, concentra su atención y le convierte en una especie de detective o investigador que busca donde sea necesario, es decir, en cualquier material o posible fuente de estudio, la solución o respuesta a los interrogantes que se le plantean. Es, además, un modo de enseñar al estudiante a trabajar y ganar autonomía para aprender, pues buena parte del trabajo intelectual profesional va a consistir siempre en plantear problemas y tratar de argumentar soluciones a los mismos. Es, por tanto, un tipo de actividad que puede aumentar la capacidad del alumno para aprender por sí mismo en el futuro.

Este método de estudio puede ser complementado con exposiciones públicas o con exámenes orales de la materia, los cuales no sólo permiten una evaluación muy rigurosa del conocimiento adquirido por los alumnos, sino que, sobre todo, inducen en ellos un tipo de estudio mucho más basado en la comprensión de los materiales y la información que en su simple memorización. Nuestra propia experiencia aplicándolo en clases universitarias de la materia de psicobiología nos dice que la combinación de cuestionarios que guíen el estudio con exámenes orales es altamente eficaz, pues puede llegar a reducir a menos del 5 % el número de estudiantes que suspenden en esa materia. Es además un método que genera una memoria a largo plazo mucho mejor que la que resulta del tipo de estudio consistente en repasar una y otra vez apuntes de la materia muchas veces inconsistentes y cargados de errores. Su potencia para aumentar la comprensión de lo estudiado y generar memorias duraderas puede, además, multiplicarse si se le pide al alumno que mientras estudia vaya redactando una memoria de lo aprendido basándose en las respuestas al cuestionario que proporcione el profesor, algo así como generar su propio libro de la materia estudiada.

Practicar sistemáticamente el recuerdo de lo aprendido

En la enseñanza tradicional, el estudio ha estado siempre muy basado en la lectura de los materiales a aprender, tantas veces como sea necesario y añadiendo o no un esfuerzo de comprensión de esos materiales, como tratando de forzar la memoria para asimilar el conocimiento. La relectura de apuntes, muchas veces transferidos, ha sido siempre y es todavía uno de los grandes males de nuestro sistema educativo. Insistiendo en ese modo de estudio pasivo muchas veces se ha dejado de lado uno de los mejores procedimientos que existen para aprender y formar memorias robustas, que es el que consiste en tratar de recordar y reconstruir con frecuencia el conocimiento que se va adquiriendo. El recuerdo es un proceso activo que no sólo sirve para evaluar lo aprendido, sino también para seguir aprendiendo. Más aún, el recuerdo sistemático puede ser una forma de aprendizaje superior incluso a la del aprendizaje original. Los estudios han mostrado que el preguntar sobre la información recientemente aprendida, es decir, la práctica frecuente del recuerdo, beneficia la memoria a largo plazo directamente, mejorando la ejecución de la información recordada, y también indirectamente, facilitando el aprendizaje de los encuentros posteriores con esa misma información, es decir, promoviendo el reclutamiento de los circuitos neuronales del recuerdo en las subsecuentes oportunidades de estudio.

En un trabajo de investigadores norteamericanos, 118 participantes aprendieron 48 palabras en inglés asociadas cada una de ellas a su traducción en una lengua africana muy diferente, el *Swahili,* hablada en Tanzania y Kenia, principalmente. En un grupo de sujetos, cada ensayo de estudio era seguido por un test de memoria, mientras que los sujetos de un grupo diferente sólo estudiaron los pares, sin test de memoria posterior. El resultado fue que en la prueba final los primeros, los que practicaron el recuerdo, casi triplicaron en memoria a los que sólo estudiaron. Los autores creen que una de las causas de esa mejora es que el preguntar frecuentemente sobre lo aprendido crea mediadores efectivos, como palabras, frases o conceptos, que ligan mejor los contenidos estudiados y son más susceptibles de ser recordados y decodificados posteriormente que los mediadores creados con la simple lectura de contenidos. En su caso, los mediadores creados y utilizados posteriormente para recordar las asociaciones fueron palabras que se parecían o sonaban como las de la lengua extranjera pero que estaban relacionadas semánticamente con las de sus pares asociadas en inglés.

El poder de la práctica del recuerdo como método de aprendizaje ha quedado especialmente patente en un interesante experimento de psicólogos norteamericanos donde ese método se ha mostrado superior no únicamente al simple estudio de lectura comprensiva, sino incluso al estudio complementado con elaboración de lo aprendido. En este experimento, un total de 80 alumnos aprendieron un texto de ciencia de modos diversos. Los sujetos de un primer grupo lo hacían en un único período o sesión de estudio convencional. Los de otro grupo lo hicieron igual, pero en cuatro períodos consecutivos en lugar de uno solo. Los de un tercer grupo estudiaron también en un único período, pero tenían que construir de forma simultánea un mapa o diagrama de los conceptos aprendidos en el texto, y lo hacían dibujando al mismo tiempo nodos y flechas para indicar, respectivamente, los conceptos estudiados y las relaciones entre ellos. Los sujetos de un último grupo, el de práctica del recuerdo, estudiaban el texto en una única sesión como los del primer grupo y después tenían que tratar de recordar todo lo posible de lo aprendido en un test de memoria libre. Tras hacerlo una vez volvían a estudiar el texto y repetían de nuevo el test de memoria. El tiempo total de aprendizaje se igualó entre el grupo de aprendizaje elaborativo y el de recuerdo.

Una semana después de la práctica, todos los estudiantes fueron sometidos a una prueba final para evaluar el aprendizaje adquirido en cada uno de los grupos. Se analizó el conocimiento y la comprensión de los conceptos tal como eran expresados en el texto, pero se hicieron también preguntas que requerían que los estudiantes fuesen capaces de establecer relaciones entre esos conceptos no expresadas literalmente en el texto, es decir, que fuesen capaces de hacer inferencias sobre las premisas estudiadas. Como resultado, todos los grupos superaron en ambos tipos de preguntas al que se limitó a estudiar el texto en un único episodio, pero el grupo que practicó sistemáticamente el recuerdo de lo estudiado fue el mejor de todos, superando incluso al de aprendizaje elaborado en un 50 % en memoria a largo plazo. Una importante observación fue que, en un test adicional previo al final, los estudiantes predijeron que el mejor resultado lo tendrían repitiendo el estudio, y el peor, practicando el recuerdo, es decir, justo al revés de lo que ocurrió. Esta observación es muy importante, a la hora de considerar la elección de métodos de aprendizaje, para evitar dejarnos llevar por impresiones subjetivas que puedan ser erróneas.

La práctica sistemática del recuerdo como método de estudio ha mostrado ser también una buena solución para superar la dificultad de mantener la atención durante largos periodos y evitar las distracciones cuando se estudia leyendo los textos en la pantalla de un ordenador. Es un hecho comprobado que, al leer largo tiempo en la pantalla, la mente con frecuencia deja de atender a lo leído y deambula originando una pérdida de aprendizaje y memoria del material expuesto. Pero un experimento reciente ha demostrado que esa pérdida puede evitarse si en medio de la lectura se intercalan test de memoria sobre lo leído. Esa interpolación ayuda al lector a mantener la atención, evita las distracciones mentales y mejora el aprendizaje. Se ha demostrado, además, que esa actividad aumenta la sensación subjetiva que tiene el estudiante de estar aprendiendo y reduce, por tanto, su ansiedad respecto al examen final que le espera. Podemos concluir diciendo que la práctica del recuerdo es un excelente método para promover el aprendizaje y la memoria, particularmente de conceptos complejos, como los propios de materias científicas. Reconstruir el conocimiento es, sin duda, un poderoso método para aprender y recordar.

Un poco de estrés no es malo

> No hay que empezar siempre por la noción primera de las cosas que se estudian, sino por aquello que puede facilitar el aprendizaje.
>
> Aristóteles

En la vida cotidiana estamos sometidos a situaciones emocionales y estresantes que activan el sistema nervioso y el endocrino. La experiencia común y los resultados de muchos experimentos muestran que, cuando esa activación es moderada y no rebasa ciertos límites, puede contribuir a la facilitación del aprendizaje y la formación de la memoria. Ya vimos cómo la amígdala, activada en situaciones emocionales, puede activar directamente el hipocampo y la corteza cerebral para hacer posible esa facilitación. Las hormonas, como la adrenalina, la noradrenalina y los glucocorticoides, liberadas en la sangre de las personas en situaciones emocionales o de estrés moderado pueden contribuir también a la facilitación tanto de memorias implícitas como explícitas. El lector recordará que la adrenalina liberada en situaciones emocionales puede activar los mecanismos cerebrales de la memoria indirectamente, a través del nervio vago. Por su parte, las neuronas del *locus coeruleus,* una región del tronco del encéfalo, liberan noradrenalina, un neurotransmisor que actúa sobre receptores llamados β-adrenérgicos situados en las neuronas de regiones importantes para el aprendizaje y la memoria, como el hipocampo, la amígdala y la corteza prefrontal. En humanos, la inyección de sustancias que activan esos receptores facilita la formación de las memorias, mientras que la inyección de sustancias que los inhiben las impide, especialmente si se trata de memorias de miedo o con fuerte contenido emocional.

Otros experimentos muestran asimismo que los glucocorticoides liberados en situaciones de estrés moderado contribuyen a la estabilización y duración de las memorias recientemente formadas. En uno de ellos, las ratas aprendían a evitar su respuesta instintiva de entrar en una cámara oscura, pues cuando lo hacían recibían una pequeña descarga eléctrica en sus patas. Se supone que esa situación emocional hacía que sus glándulas suprarrenales liberasen corticosterona, un glucocorticoide que facilitaba el aprendizaje y la memoria, y así debía ser, pues cuando antes del entrenamiento se les inyectaba en el hipocampo una sustancia que impedía el efecto de esa hormona, las ratas sólo recordaban lo aprendido una hora después, pero no 7 días más tarde.

Aunque se liberan más glucocorticoides en situaciones emocionales o estresantes, normalmente sus niveles en sangre varían de un modo cíclico cada 24 horas, siguiendo, por tanto, un ritmo circadiano. En ratones se ha comprobado un aumento de la memoria a largo plazo para un aprendizaje motor cuando el entrenamiento tiene lugar en los momentos del día en que la concentración en sangre de corticosterona es más alta. Esa mejora se relacionó con el aumento del número y supervivencia de espinas dendríticas que la mayor concentración de esa hormona originaba en la corteza cerebral motora. Carmen Sandi y otros investigadores de la Escuela Politécnica Federal de Laussane, en Suiza, han realizado experimentos que muestran que las hormonas liberadas en situaciones de estrés, como los glucocorticoides, facilitan el aprendizaje y la memoria regulando el tráfico de receptores NMDA, que, como sabemos, forman parte de los mecanismos de plasticidad neuronal que hacen posible la formación de la memoria en el hipocampo y otros lugares del cerebro, como la corteza cerebral. Los glucocorticoides, además, pueden promover cambios epigenéticos en la cromatina de las neuronas y facilitar de ese modo la expresión de los genes que hace posible la síntesis de las moléculas necesarias para formar las memorias.

No obstante, el efecto de las hormonas del estrés sobre el aprendizaje y la memoria es variable y muy dependiente de su concentración en sangre. El estrés crónico y la elevada y persistente concentración de glucocorticoides en la sangre, al provocar muerte neuronal y pérdida de espinas dendríticas en las neuronas de la corteza cerebral, dificultan considerablemente el aprendizaje y la memoria de animales y humanos. No obstante, un estudio reciente de investigadores norteamericanos ha mostrado que las personas con poca capacidad de memoria de trabajo son más susceptibles a los efectos negativos del estrés que las que tienen una mayor capacidad de ese tipo de memoria. Una razón más, por tanto, para que los diferentes métodos de enseñanza y trabajo académico intenten potenciar el uso y desarrollo de ese tipo de memoria. En cualquier caso, sólo las situaciones emocionales o estresantes de baja intensidad tienen capacidad para favorecer el aprendizaje y la memoria. Hay muchas maneras de inducirlo en los alumnos, y quizá la mejor de todas consiste en proporcionarles antes de nada información motivadora sobre la materia a aprender, algo que conocen sobradamente los buenos docentes.

Potenciar el error de predicción

Una manera de potenciar el error de predicción y facilitar con ello el aprendizaje consiste en asociarlo a un estímulo emocional. Al menos, así se ha comprobado en un experimento, basado en el tipo de aprendizaje probabilístico que ya conocemos, en el que los sujetos tenían que aprender a predecir qué combinación de cartas de las que aparecían en la pantalla de un ordenador predecía buen tiempo y cuál predecía mal tiempo (figura 7). Lo especial de este aprendizaje es que es difícil de adquirir, porque la predicción correcta no lo es siempre, sino sólo un porcentaje de veces, lo que significa que para aprender, es decir, para captar el carácter probabilístico de la prueba, hay que practicar. Pero lo interesante aquí es que el número de ensayos necesarios para aprender esta tarea se reduce considerablemente cuando, antes de presentar en la pantalla del ordenador cada combinación de cartas, se presenta la fotografía de una cara con fuerte expresión emocional. Ese estímulo aumenta el error de predicción y el sujeto aprende antes, es decir, con menos práctica, que sólo un porcentaje de las veces, pero no todas las veces, una determinada combinación de cartas predice buen o mal tiempo. La potenciación del error de predicción, es por tanto, otro modo en el que las emociones pueden facilitar el aprendizaje.

Homenaje a la lectura

De todas las actividades intelectuales potenciadoras de capacidades mentales, la más asequible y la que proporciona un mejor balance costo/beneficio es, sin duda, la lectura. Leer es uno de los mejores ejercicios posibles para mantener en forma el cerebro. Es así porque la actividad de leer requiere poner en juego un importante número de procesos mentales, entre los que destacan la percepción, la memoria y el razonamiento. Cuando leemos activamos preferentemente el hemisferio izquierdo del cerebro, que es el más dotado de capacidades analíticas en la mayoría de las personas, pero son muchas las áreas cerebrales de ambos hemisferios que se activan e intervienen en el proceso. Decodificar las letras, las palabras, las frases y convertirlas en sonidos mentales requiere activar amplias áreas de la neocorteza cerebral. Las cortezas occipital y temporal se activan para ver y reconocer el valor semántico de las palabras. La corteza frontal motora se activa cuando evocamos mentalmente los sonidos de las palabras que leemos. Los recuerdos que evoca la interpretación de lo leído activan poderosamente el hipocampo y el lóbulo temporal medial. Las narraciones y los contenidos emocionales del escrito, sean o no de ficción, activan la amígdala y demás áreas emocionales del cerebro. El razonamiento sobre el contenido y la semántica de lo leído activa la corteza prefrontal, es decir, la memoria de trabajo y el sistema de cognición ejecutiva.

La lectura refuerza también las habilidades sociales y la empatía, además de reducir el nivel de estrés del lector. Todo ello sin mencionar la satisfacción y el bienestar que proporciona el conocimiento adquirido y cómo ese conocimiento se transforma en memoria cristalizada, que es la que tenemos como resultado de la experiencia. El libro es así un gimnasio asequible y barato para la mente y debería incluirse por ello en la educación desde la más temprana infancia y mantenerse durante toda la vida. Los niños deben ser estimulados a leer con lecturas motivadoras y adecuadas a su edad y los mayores deben procurarse todo el auxilio que requieran sus facultades visuales para poder seguir leyendo y manteniendo en forma su cerebro cuando envejecen. Un motivo añadido para que los mayores sigan leyendo es la plausible creencia de que no somos verdaderamente viejos hasta que no empezamos a sentir que ya no tenemos nada más que aprender.

La actividad intelectual a lo largo de la vida puede aumentar la memoria en la vejez

¿El ser un gusano de biblioteca aumenta la capacidad de tu cerebro en la vejez? Esta cuestión es el título de un estimulante trabajo de la Academia Americana de Neurología que pone de manifiesto que la lectura, la escritura y la participación en cualquier actividad que estimule el cerebro, a cualquier edad y durante toda la vida, pueden preservar la memoria en la vejez. Durante seis años se realizaron pruebas de memoria a 294 personas muy mayores, con una edad media de 89 años. Al mismo tiempo y mediante un cuestionario se investigó el tipo de actividades de lectura, escritura y otras actividades intelectuales que habían desarrollado esas personas a lo largo de su vida, tanto en la infancia y la adolescencia como de adultos. Cuando murieron se analizaron sus cerebros para ver si en ellos había signos físicos de alteraciones que pudieran indicar neurodegeneración y demencia. Los resultados mostraron un menor deterioro de la memoria y menores alteraciones cerebrales en los individuos que habían tenido una mayor actividad mental a lo largo de su vida en comparación con los que no la tuvieron. Vemos pues que no hay que esperar a ser mayor para emprender actividades intelectuales como remedio para disminuir las consecuencias negativas del envejecimiento. Cuanto antes empecemos, mejor.

Inmersión temprana en múltiples lenguas

La sorprendente capacidad del cerebro humano para aprender muchas lenguas en la temprana infancia le confiere importantes ventajas a la hora de aprender y formar memorias consistentes. Está demostrado que los individuos que adquieren múltiples lenguas en su infancia y las practican a lo largo de su vida tienen una mayor capacidad de cognición ejecutiva, es decir, de ejecución mental, estando también más protegidos contra la neurodegeneración en la vejez. Las personas bilingües tienen mejor atención selectiva, y más desarrollado el hábito de conmutar contenidos mentales, lo que les facilita la adquisición de aprendizajes complejos, especialmente de los que implican cambios frecuentes en las reglas de ejecución. Los bilingües son más rápidos y efectivos que los monolingües cuando, por ejemplo, aprenden a clasificar objetos por su color y, de repente, hay que pasar a clasificarlos por su forma. Esa mayor capacidad de ejecución y flexibilidad mental de las personas bilingües se manifiesta en muchas ocasiones de la vida cotidiana, se observa en todas las edades, y la conservan además mucho más que los monolingües en la vejez. Cuando se hacen mayores los bilingües mantienen la integridad de la sustancia blanca neuronal, es decir, mantienen las conexiones entre las diferentes regiones de su cerebro, lo que les permite compensar el deterioro natural en el procesamiento de información y el aprendizaje y la memoria. Un equipo de investigadores canadienses ha mostrado que de 182 individuos diagnosticados con demencia, como el Alzheimer, el 51 % de ellos, que eran bilingües, tardaron en desarrollar los síntomas de la enfermedad al menos 4 años más que los monolingües.

Las lenguas nativas se expresan de manera automática, es decir, sin necesidad de buscar continuamente las palabras necesarias o su significado. Es así porque se almacenan en el cerebro como memoria implícita, es decir, como un conocimiento básicamente inconsciente, que se adquiere con lentitud y se perfecciona con la práctica, pues depende no sólo de la corteza cerebral, sino también de estructuras subcorticales que, como ya vimos, son menos plásticas y moldeables. Pero no hay que olvidar que, como han demostrado algunos estudios con neuroimágenes funcionales, cuando se aprende tarde el lenguaje ya no se instala en las áreas de la corteza cerebral genéticamente mejor acondicionadas para ello. El lenguaje, como cualquier memoria implícita, da lugar a comportamientos automáticos que cuestan mucho de adquirir, pero que, una vez aprendidos, son igualmente difíciles de olvidar. Es por eso que nadie puede pretender aprender una nueva lengua con un par de clases semanales, muchas veces básicamente de gramática. Para generar un automatismo como el lingüístico y beneficiarse de él hay que practicarlo con asiduidad y frecuencia. El mejor programa de aprendizaje lingüístico, y quizá el único capaz de garantizar el dominio de una segunda lengua en la mayoría de las personas, es el que introduce tempranamente esa lengua en la vida cotidiana de las personas, lo que implica llevarlo cuanto antes y en la medida de lo posible al ámbito familiar, escolar, profesional y de ocio.

Nacemos con una amplia y universal capacidad para percibir y pronunciar muchos diferentes sonidos, pero la experiencia lingüística altera la percepción fonética y los sonidos que no se practican tempranamente se pierden. Esa pérdida puede estar ya ocurriendo en los 6 primeros meses de vida. Por tanto, para acabar siendo un verdadero bilingüe, una ventaja extraordinaria es tener padres nativos en diferentes lenguas, padres que hablen frecuentemente a su hijo en cada una de ellas. Los canguros, cuidadores y maestros pueden tener también un papel importante en esa inducción lingüística múltiple en los primeros años de vida. Además de mejorar la comunicación entre las personas de diferentes países, todo son por tanto ventajas cuando diferentes lenguas se aprenden pronto y se practican con frecuencia durante toda la vida.

Cerebro de hombre versus cerebro de mujer

Hombres y mujeres difieren en antecedentes evolutivos, anatomía, fisiología y tipo de educación. Todo ello condiciona sus respectivas capacidades mentales, y el aprendizaje y la memoria no son una excepción. Por término medio los hombres superan a las mujeres en razonamiento lógico-matemático, en resolución de problemas, en destrezas motoras como, por ejemplo, interceptar una pelota en el aire, y en tareas espaciales, particularmente las que requieren orientación o percepción mental de figuras espacialmente rotadas. Las mujeres, por su parte, superan a los hombres en fluidez y memoria verbal, en comunicación emocional, en movimientos finos y precisos de manos y dedos y en velocidad y precisión perceptiva, como la que consiste en localizar un objeto o persona en un conjunto, entre otras habilidades menos estudiadas.

Las razones para esas diferencias pueden ser varias y de diversos tipos. El cerebro de ambos sexos difiere anatómicamente en estructuras como el *hipotálamo*, un conjunto de núcleos de la base del cerebro que controlan el metabolismo y los procesos fisiológicos básicos, y que es mayor en el hombre que en la mujer. Difieren también en el *cuerpo calloso*, un voluminoso conjunto de fibras nerviosas que sirve de comunicación entre ambos hemisferios cerebrales y que es mayor en la mujer que en el hombre. Respecto a esto último, un estudio reciente de investigadores de la Universidad de Pensilvania y el Hospital de Niños de Filadelfia, en EE.UU., ha comparado el cerebro de 428 hombres con el de 521 mujeres, todos de entre 8 y 22 años, utilizando una moderna técnica de neuroimágenes (*diffusion tensor imaging*) que permite evaluar el llamado *conectoma estructural del cerebro*, es decir, el volumen de conexiones neuronales entre diferentes partes del mismo. El resultado ha puesto al descubierto importantes diferencias, aunque ya previamente sospechadas, entre ambos tipos de cerebros. Así, los hombres presentan una mayor conectividad que las mujeres, o lo que es lo mismo, un mayor volumen de conexiones, dentro de cada hemisferio cerebral. Las mujeres, por su parte, presentan una mayor conectividad que los hombres entre ambos hemisferios cerebrales, el derecho y el izquierdo. Esa diferencia, no obstante, se invierte en el cerebelo, donde son los hombres quienes tienen mejor conectados entre sí los dos hemisferios y las mujeres quienes presentan la mejor comunicación dentro de cada uno de ellos.

Aunque pendientes de confirmación, otros datos muestran que el cerebro del hombre tiene más densidad de sinapsis que el de la mujer en la corteza cerebral del lóbulo temporal. Hombres y mujeres también diferimos en el modo en que la amígdala se conecta con otras estructuras del resto del cerebro, lo que podría explicar que ellas sean más sensibles que ellos a los estímulos emocionales, particularmente a los que suponen amenazas. Las diferencias entre ambos cerebros surgen en el curso del desarrollo y hacen, como vemos, que el cerebro masculino esté más lateralizado, es decir, que tenga una mayor especialización funcional en cada hemisferio que el de la mujer. Eso significa que el lenguaje, por ejemplo, depende en el hombre más del hemisferio izquierdo que en la mujer, y que las funciones visoespaciales son también más dependientes del hemisferio derecho en el hombre que en la mujer. El cerebro femenino, que madura más rápidamente que el masculino durante la infancia y la adolescencia, está menos lateralizado, es decir, ambos hemisferios tienden a cooperar y trabajar más conjuntamente que en el cerebro del hombre.

No obstante, muchos de los resultados experimentales mencionados tienen que ser replicados para ser considerados fiables, y lo que todavía no tenemos claro es cómo todas y cada una de las mencionadas diferencias cerebrales condicionan las capacidades mentales y conductuales específicas de cada sexo. Podemos hacer sugerencias, como la de que algunas diferencias cerebrales justifican el que la mujer esté más capacitada que el hombre para hacer varias cosas a la vez, pero ni está comprobada la relación de causalidad entre la organización cerebral y ese comportamiento, ni podemos excluir la intervención de factores educativos en las diferentes capacidades de hombres y mujeres.

Atención a las hormonas sexuales

Las hormonas sexuales, también llamadas gonadales, andrógenos en el hombre y estrógenos en la mujer, tienen un importante efecto organizador del cerebro durante el desarrollo embriológico en el seno materno y también en los primeros años de la vida, lo que hace que funcione de manera diferente en hombres y mujeres. En ello pueden radicar no sólo las diferencias estructurales que anteriormente hemos descrito sino también las capacidades mentales y conductuales de cada sexo. Por ejemplo, el nivel de testosterona, una hormona sexual masculina, en la sangre se ha demostrado que influye en las capacidades espaciales de los hombres. Ni mucha ni poca parece ser la concentración en sangre que mejora esas capacidades. Según Doren Kimura, especialista canadiense en capacidades cognitivas según el sexo, en Europa y América del Norte los hombres tienen mejor ejecución espacial en primavera que en otoño, pues en invierno y a principios de primavera sus niveles de testosterona son más bajos, siendo ese nivel el óptimo para el aprendizaje espacial. Por la misma razón, es decir, por tener niveles de testosterona altos, el rendimiento en tareas espaciales en los hombres es peor por la mañana temprano. Aunque estas observaciones son sólo correlaciones, también se ha observado que la administración de testosterona a hombres mayores, que supuestamente tenían una concentración de testosterona en sangre inferior a la óptima, mejoró su aprendizaje de una tarea de construcciones visoespaciales.

En la mujer, la concentración de hormonas sexuales en sangre varía con el ciclo menstrual. En tiempo de menstruación, su concentración de estrógenos es baja y entonces realiza mejor los tests espaciales que cuando está ovulando y la concentración de estrógenos es alta. Sin embargo, es en la fase ovulatoria cuando su ejecución es mejor en articulación verbal o en trabajos manuales precisos. Los estrógenos estimulan el crecimiento neuronal durante el desarrollo embrionario y en ratas se ha comprobado que estimulan también la formación de sinapsis en el hipocampo, lo que podría explicar el hecho de que, durante la gestación y en época de cría de sus cachorros, las hembras de esa especie aumentan su capacidad de aprendizaje espacial. En mujeres se ha observado que los tratamientos que suprimen la producción de estrógenos reducen la memoria verbal. En definitiva y sin desconsiderar la influencia que puedan tener el estatus socioeconómico y la educación, parece demostrada la existencia de diferencias cerebrales y hormonales que justifican al menos en parte las respectivas capacidades de aprendizaje y memoria de hombres y mujeres.

Otras actividades que pueden facilitar el aprendizaje y la memoria

Otras actividades que por sí mismas o combinadas con las antes mencionadas pueden contribuir directa o indirectamente a la facilitación de los procesos de aprendizaje y memoria, además de enlentecer los procesos neurodegenerativos y las pérdidas mentales que se producen con el envejecimiento, son además del aprendizaje de segundas lenguas, la práctica de la música y los instrumentos musicales, el yoga, el *mindfulness* y las artes marciales. Un reciente trabajo de diversos centros de investigación de Barcelona ha evidenciado que actividades como aprender a leer música y tocar el piano puede ser un buen método para promover la reserva cognitiva y el bienestar subjetivo de las personas mayores. Sonia Seinfeld, del Instituto de Investigaciones Biomédicas August Pi i Sunyer, y otros investigadores sometieron a un grupo de 13 personas a lecciones de piano y práctica diaria durante 4 meses. Comparados con 16 personas de control que realizaron otras actividades diferentes, los sujetos mejoraron en funciones ejecutivas, su capacidad de inhibir respuestas inconvenientes y su atención dividida. La actividad musical disminuyó también la depresión y aumentó el estado de ánimo de los practicantes.

Los ambientes enriquecidos –es decir, aquellos en los que el sujeto tiene acceso a ejercicios o actividades intelectuales diversas y los nuevos entornos con contenidos atractivos y estimulantes– han mostrado también su capacidad, tanto en animales como en humanos, para facilitar el aprendizaje y la memoria mediante el aumento de los factores neurotróficos y la plasticidad sináptica, especialmente en el hipocampo y la corteza cerebral. En general, todas aquellas actividades mentales o intelectuales que suponen esfuerzo y desafío son más útiles que aquellas que se realizan sin apenas esfuerzo.

Nos ha sorprendido un trabajo reciente de científicos franceses y japoneses que han observado que cuando las moscas de la fruta pasan hambre, es decir, en tiempos de escasez, su cerebro utiliza para aprender un mecanismo molecular diferente al normal, que implica un menor consumo energía, y el uso frecuente de ese mecanismo alarga además la vida de las moscas. Han observado también que, en tiempo de escasez alimenticia, el cerebro tiene prioridad con respecto al resto del organismo en el consumo energético. En ratones también se ha observado que las dietas muy ricas en grasas y azúcares disminuyen la capacidad de aprendizaje en laberintos radiales. Pero no sabemos si todos esos procesos observados en animales inferiores podrían ocurrir también en nosotros los humanos. Más referido a nosotros mismos es el trabajo realizado por un equipo de investigadores portugueses y españoles, de las Universidades de Coímbra y Autónoma de Madrid, mostrando que la grelina, una hormona que se libera en la sangre desde el estómago vacío, además de producir hambre, activa la transmisión y la plasticidad sináptica en las neuronas del hipocampo, y ello parece constituir un mecanismo por el que el hambre podría aumentar la capacidad de aprendizaje y memoria. Un mecanismo, en definitiva, de relación entre el metabolismo energético y el aprendizaje que viene a dar la razón, a su modo, al viejo refrán que dice que no hay nada más listo que el hambre.

Por último, la importancia genérica de la educación para los procesos cognitivos y el aprendizaje ha quedado muy bien reflejada en un estudio de investigadores norteamericanos y australianos con 275 personas de entre

17 y 87 años que ha mostrado que el nivel socioeconómico, evaluado operativamente por los años de escolarización, puede modular la pérdida de volumen del hipocampo que se produce con los años. En ese estudio se vio que el volumen hipocampal disminuye mucho más con la edad en los individuos con menor educación que en los que disfrutaron de una educación más prolongada y de mayor nivel.

Epílogo

¿Mejorar la enseñanza y la educación? *Yes, We Can*

Ya vimos en la introducción de este libro que las evaluaciones internacionales sobre la educación no dejan muy bien a nuestro país. Ahora ha llegado el momento de preguntarnos si podemos mejorar el resultado de esas evaluaciones aplicando el conocimiento científico sobre los mecanismos cerebrales del aprendizaje y la memoria que aquí hemos descrito. Y todo indica que sí, que podemos, porque como también ponen de manifiesto dichas evaluaciones, la inversión económica, aun siendo muy importante, no es lo único que determina la calidad de la educación. Necesitamos también reforzar la actividad docente y el trabajo de los alumnos en todos los niveles de enseñanza con una mayor y mejor aplicación de aquellos métodos de trabajo y estudio cuya eficacia ha sido refrendada por los descubrimientos científicos de la neurociencia y la psicobiología.

Pero antes que nada debemos señalar que la deficiencia en la educación de nuestro país no es ni universal ni permanente. Es decir, ni todo el mundo lo hace mal, ni todo el que lo hace mal lo hace mal siempre. Aunque el éxito en cualquier escenario educativo debe valorarse por su resultado, es decir, por el cambio que la enseñanza y el aprendizaje producen en el cerebro, la mente y el comportamiento de quien aprende, esos cambios no son siempre perceptibles y quizá por eso muchos enseñantes se frustran y se sienten mal cuando creen, sin que ello sea cierto, que han fracasado en su empeño. Albert Einstein dijo en una ocasión que la educación es lo que queda cuando a uno se le olvida todo lo que ha aprendido. Así es, porque lo más valioso de muchos métodos y procedimientos de enseñanza no radica en los contenidos explícitos, es decir, conscientes, que se imparten y que pueden olvidarse, sino en la inducción y potenciación de procesos mentales que crean inercias y contenidos implícitos, es decir, inconscientes y generalmente duraderos, que sólo se ponen de manifiesto indirectamente, cuando las nuevas situaciones de aprendizaje los requieren. Eso es lo que puede ocurrir, por ejemplo, cuando hacemos que un estudiante ejercite la memoria de trabajo razonando sobre dilemas morales o jugando al ajedrez, pues, aunque a la larga olvide los contenidos concretos que ha aprendido, su inteligencia y su capacidad de razonar pueden haberse potenciado de un modo duradero con esos ejercicios mentales.

Dicho lo anterior, ¿qué hemos de hacer para superarnos y mejorar el rendimiento educativo en nuestras escuelas, institutos y universidades? Los experimentos que hemos mencionado a lo largo de este libro, muchos de ellos publicados en algunas de las primeras revistas científicas internacionales, como *Science, Nature* o la prestigiosa *PNAS (Proceedings of the National Academy of Science)*, nos muestran el especial valor de aquellos métodos o procedimientos que más y mejor activan áreas del cerebro, como la corteza prefrontal y el lóbulo temporal medial, necesarias para aprender y crear memorias consistentes. Entre esos procedimientos están, como ya vimos, algunos muchas veces excluidos o poco frecuentados en la instrucción ordinaria, como el entrenamiento en memoria de trabajo y razonamiento, tan ligado a materias como las matemáticas o la filosofía; la guía del aprendizaje mediante preguntas relevantes; la práctica sistemática del recuerdo y la reconstrucción de lo aprendido, o el fantástico recurso de leer y comentar o interpretar las lecturas. Todas esas actividades pueden tener una versión específica en cada nivel de enseñanza, es decir, en la infantil, la media y la superior.

También deberíamos reconocer el valor de las pruebas y exámenes orales como inductores de modos de estudio activo que generan la comprensión de lo aprendido más allá de la simple memorización. Y no deberíamos despreciar recursos tradicionales tan útiles y poderosos en diferentes niveles de la enseñanza como la escritura al dictado, el resumir textos o el memorizar información básica para facilitar el razonamiento posterior. Reglas de ortografía, fechas históricas, países y sus capitales y accidentes geográficos, entre otros muchos ítems, constituyen valiosos recursos de memoria implícita que se adquieren por repetición y resultan extraordinariamente útiles como apoyo para posteriores evaluaciones mentales y razonamientos complejos. Es esa memoria tradicional que a veces, equivocadamente, hemos despreciado, quizá por no darnos cuenta de que el cerebro la tiene como un objetivo permanente e insoslayable. Asumir la versión adecuada en cada ámbito y nivel educativo de esos y otros procedimientos igualmente eficaces puede ser un buen modo de incrementar la eficacia de la instrucción y el rendimiento académico de los alumnos. Todo ello sin descuidar la influencia benefactora de esos dos grandes medios tan poderosos como asequibles: el ejercicio físico y el sueño, pues ambos preparan al cerebro para aprender y contribuyen a la consolidación del conocimiento adquirido. El ejercicio físico libera en el cerebro sustancias neurotróficas benefactoras de los procesos mentales, mientras que el sueño potencia la memoria, integra la información aprendida con la que ya tenemos en el cerebro, permite inferencias, extrae reglas y genera nuevo conocimiento.

Pero además, el enseñante no debería evaluarse nunca directamente, como mirándose en un espejo y diciéndose lo bien que lo hace, sino indirectamente, comprobando de algún modo el resultado de su trabajo y la consistencia y estabilidad temporal del mismo. Esa comprobación debe ser práctica, huyendo de impresiones subjetivas. Es decir, no hay que dar credibilidad al alumno que crea que ya sabe, por ejemplo, cómo se resuelve un problema matemático, cómo interpretar un texto o qué son los cromosomas si no demuestra que es capaz de hacerlo aplicándolo a ejemplos prácticos o explicándolo verbalmente o por escrito, y, mejor aún, si no puede demostrarlo algún tiempo después de haberlo aprendido. No vale la simple impresión mental de creer que uno ya sabe cualquiera de esas u otras cosas. Entre los resultados implícitos a evaluar han de ser siempre importantes los referidos a la generación de autonomía para aprender, es decir, a la capacidad de los alumnos para desenvolverse e indagar por sí mismos, sin la ayuda del profesor, en el ámbito correspondiente de conocimiento o incluso en otros ámbitos.

Es cierto que hay muchas diferencias en la capacidad de las personas para aprender, pero no lo es menos que cuando se aprende de un modo correcto, es decir, como el cerebro sabe y puede hacerlo, esas diferencias se reducen considerablemente. La clave del fracaso o del éxito en el aprendizaje no está sólo en la inteligencia de quien aprende: también es muy importante el modo y momento en que el aprendizaje tiene lugar. Es un hecho comprobado que una enseñanza adecuada tiende a igualar el rendimiento de los sujetos que aprenden y evita de ese modo contrastes acusados y comparaciones entre esos sujetos que no siempre benefician al proceso educativo.

Conviene insistir, por último, en que son los propios pedagogos, profesores y maestros quienes pueden y deben diseñar y decidir los procedimientos concretos aplicables a cada situación de enseñanza, basándose, eso sí, no sólo en su propia experiencia sino también en los descubrimientos científicos sobre los mecanismos cerebrales implicados en la actividad educativa. Debe ser así porque cada ámbito es diferente en lo que se refiere a contenidos y nivel de enseñanza, composición de estudiantes y estatus económico de los mismos, y todo eso determina el contexto y las particularidades que hay que combinar con los métodos básicos o especiales de instrucción que sugiere la experiencia y el conocimiento científico. De los viejos maestros, aquellos que sólo disponían de una pizarra, unos cuantos libros y algunos mapas, deberíamos aprender todo lo que puede conseguirse en educación incluso cuando los recursos disponibles son modestos.

Glosario de términos científicos

Acetilaciones. Cambios bioquímicos en la estructura de las moléculas de la cromatina que influyen en la expresión de los genes en ella contenidos.

Actina. Proteína de las neuronas implicada en la formación de nuevas espinas dendríticas.

ADN. Ácido desoxirribonucleico. Larga molécula helicoidal que contiene los genes y se encuentra compactada en el interior de los cromosomas.

Adrenalina. Hormona producida por las glándulas suprarrenales. Se libera en la sangre en situaciones emocionales para activar el organismo. Contribuye también a la consolidación de las memorias.

Amígdala. Estructura del lóbulo temporal del cerebro. Centro principal del cerebro emocional (véase la figura 2).

Amnesia. Pérdida de memoria, incapacidad para recordar.
  anterógrada. Incapacidad para aprender y retener información nueva.

retrógrada. Incapacidad para recordar memorias establecidas con anterioridad a la situación o trauma que la produce.

topográfica. Pérdida de capacidad para moverse en el espacio.

Aprendizaje. Cambio en el sistema nervioso que resulta de la experiencia y origina cambios duraderos en la conducta de los organismos.

dependiente de un estado. Aprendizaje que tiene lugar cuando un individuo se encuentra en un lugar o en un estado conductual o fisiológico determinado que también se requiere para poder recordar más tarde lo aprendido.

motor. Aprendizaje de hábitos y conductas que implican movimientos.

perceptivo. Aprendizaje que permite identificar inmediatamente estímulos o situaciones anteriormente experimentados.

probabilístico. Aprendizaje en el que las respuestas correctas no lo son siempre, sólo un porcentaje de las veces.

relacional. Forma evolucionada de aprendizaje que se basa en evaluaciones, comparaciones e inferencias conscientes entre informaciones diversas.

Área tegmental ventral. Región del mesencéfalo cuyas neuronas sintetizan dopamina.

Áreas de asociación. Regiones de la corteza cerebral donde se continúa procesando la información procedente de las áreas sensoriales primarias.

Áreas sensoriales primarias. Regiones de la corteza cerebral que procesan inicialmente la información procedente de los órganos de los sentidos.

Astrocitos. Uno de los tipos de células gliales que acompañan a las neuronas en el cerebro. Al acumular glucógeno les sirven, entre otras funciones, como fuente de energía.

Autoestimulación eléctrica intracraneal. Condicionamiento instrumental en el que el animal emite una respuesta, como presionar una palanca, para activar un dispositivo que estimula eléctricamente regiones de su propio cerebro capaces de producir placer.

Axón. Prolongación, generalmente más larga que las demás, por donde la neurona envía la información a otras neuronas con las que establece conexiones sinápticas (véase la figura 1).

Barrera hematoencefálica. Impermeabilidad de los vasos sanguíneos y disposición de células gliales en el cerebro para impedir el paso de moléculas inconvenientes desde la sangre a las neuronas.

β-bloqueadores adrenérgicos. Moléculas antagonistas que impiden el efecto de neurotransmisores como la adrenalina y la noradrenalina.

BDNF (*brain derived neurotrophic factor*). Molécula química implicada en el crecimiento y desarrollo de las neuronas.

Bulbo olfatorio. Estructura de la base del cerebro que procesa la información olfatoria procedente de las fosas nasales y envía el resultado a la corteza cerebral, donde continúa ese procesamiento.

Caderinas. Moléculas de adhesión celular. Sirven para mantener unidas a las dos neuronas que forman cada sinapsis.

Cariotipo genético. Conjunto de cromosomas y genes de una determinada especie animal (véase la figura 3).

Células. Unidades básicas que forman los tejidos orgánicos.

conceptuales. Neuronas que se activan cuando el sujeto percibe un determinado tipo de estímulo, como caras o figuras simétricas (conceptos).

de cuadrícula (*grid cells*). Neuronas que se activan cuando el animal se encuentra en una de las múltiples localizaciones que en conjunto forman una especie de cuadrícula del entorno.

de lugar *(place cells).* Neuronas que se activan selectivamente cuando el animal está en un determinado lugar del espacio en que se halla, como si cada una o un conjunto de esas neuronas hubiesen aprendido a representar ese lugar.

de Purkinje. Neuronas de la corteza del cerebelo.

gliales. Células que acompañan a las neuronas en el cerebro. Las hay de varios tipos, intervienen en el mantenimiento energético de las neuronas y forman también parte de la barrera hematoencefálica, entre otras funciones.

de tiempo (*time cells*). Neuronas cuya actividad representa el tiempo objetivamente transcurrido de un evento, es decir, su duración.

Cerebelo. Estructura de la parte posterior del tronco del encéfalo. Es como un pequeño cerebro auxiliar implicado en la coordinación de los movimientos y el aprendizaje motor, entre otras funciones (véase la figura 2).

Circunvolución. Área de la corteza cerebral entre dos surcos o fisuras.

cingulada. Región de la corteza que rodea al cuerpo calloso en la cara medial del cerebro.
dentada. Parte del complejo del hipocampo.

Coeficiente de inteligencia de Spearman. Una de las medidas de inteligencia general más frecuentemente utilizadas en psicometría.

Cógnito. Red neuronal de la corteza cerebral que almacena una determinada información o memoria.

Consciencia. Estado de la mente.
autonoética. Otro modo de referirse a la memoria episódica.
noética. Otro modo de referirse a la memoria semántica.

Cerebro. Parte del encéfalo integrada por los hemisferios cerebrales (corteza cerebral) y el diencéfalo (región entre ambos hemisferios cerebrales) (véase la figura 2).

Cognición ejecutiva. Sistema general de control cognitivo y de procesamiento ejecutivo que guía el comportamiento y que implica interacciones entre los diversos procesos mentales (atención, percepción, motivación, emociones y memoria).

Condicionamiento. Forma de aprendizaje.
clásico. Forma básica de aprendizaje que consiste en asociar un estímulo originalmente neutro con otro (*estímulo incondicionado*) que provoca una respuesta refleja (*respuesta incondicionada*). La asociación hace que el estímulo neutro se convierta en un *estímulo condicionado* capaz de producir por

sí mismo una respuesta similar a la refleja (*respuesta condicionada*).

instrumental. También llamado *condicionamiento operante.* Forma básica de aprendizaje que implica la asociación entre una conducta y un refuerzo. Un *refuerzo* es un estímulo o evento que aumenta la probabilidad de ocurrencia de la conducta a la que sigue.

Conectoma estructural del cerebro. Conjunto de fibras nerviosas que conectan diferentes partes o estructuras de los hemisferios cerebrales.

Consolidación de la memoria. Proceso por el que la memoria a corto plazo produce modificaciones estructurales en el sistema nervioso que la convierten en una memoria a largo plazo.

Consolidación de sistema. Integración de las nuevas memorias en la información o esquemas preexistentes en el cerebro.

Corteza cerebral. La parte más evolucionada del encéfalo (figura 2).

cingulada anterior. Parte anterior de la circunvolución cingulada, situada en la cara medial del cerebro.

entorrinal. Corteza que forma parte del sistema hipocampal y del lóbulo temporal medial.

orbitofrontal. Corteza de la cara basal del lóbulo frontal, situada sobre las órbitas oculares.

parahipocampal. Corteza que forma parte del sistema hipocampal y del lóbulo temporal medial.

piriforme. Corteza del lóbulo temporal anterior implicada en el procesamiento de información olfatoria.

prefrontal. Parte más anterior del lóbulo frontal, la más evolucionada del cerebro humano.
prefrontal dorsolateral. Parte dorsal y lateral de la corteza prefrontal.
retrosplenial. Corteza que forma parte del sistema hipocampal y del lóbulo temporal medial.

Cortisol. Hormona segregada por las glándulas suprarrenales en situaciones emocionales. Su liberación normal favorece el aprendizaje, pero en situaciones de estrés se libera masivamente y resulta perjudicial para el cerebro y el conjunto del organismo.

Cromatina. Conjunto del ADN más las proteínas histonas que lo comprimen en cada cromosoma.

Cuerpo calloso. Voluminoso conjunto de fibras nerviosas (axones) que conectan entre sí ambos hemisferios cerebrales. Hay datos de que es mayor en la mujer que en el hombre.

Dendritas. Ramificaciones que surgen del cuerpo principal de las neuronas. Sobre ellas se forman las sinapsis por donde las neuronas reciben la mayor parte de la información (véase la figura 1).

Depresión sináptica a largo plazo (DLP). Decremento estable y duradero de una respuesta postsináptica causado por una estimulación presináptica.

Descargas concentradas de ondas agudas (*sharp-waves/ripples*). Posible mecanismo fisiológico por el que la información registrada en el hipocampo es transferida a la corteza cerebral durante el sueño.

Diencéfalo. Parte del cerebro situada en medio del mismo y bajo la corteza cerebral. Contiene el tálamo y el hipotálamo, entre otras estructuras.

Dopamina. Neurotransmisor sintetizado en neuronas del tronco del encéfalo (área tegmental ventral y sustancia negra), implicado en el error de predicción y otras funciones cerebrales.

Encéfalo. Literalmente, la parte del sistema nervioso contenida en la cabeza. Se divide en cerebro, tronco del encéfalo y cerebelo (figura 1).

Epigenética. Disciplina que estudia las influencias o factores de todo tipo, ambientales y fisiológicos, que, sin modificar los genes contenidos en las neuronas, pueden controlar su expresión y determinar de ese modo si se sintetizan o no las proteínas necesarias para que tenga lugar el aprendizaje y se establezcan las memorias.

Error de predicción. Diferencia entre lo que se espera que pase y lo que en realidad pasa.

Espinas dendríticas. Minúsculas protuberancias o brotes de las dendritas, por donde las neuronas forman conexiones sinápticas con otras neuronas (figura 1).

Estimulación magnética transcraneal. Técnica moderna de estimulación del cerebro. Se basa en que la estimulación magnética puede inducir actividad eléctrica en la región del cerebro estimulada.

Estímulo condicionado (EC). Véase condicionamiento clásico.

Estímulo incondicionado (EI). Véase condicionamiento clásico.

Estrategia alocéntrica. Conducirse en el espacio guiándose por señales del entorno.

Estrategia egocéntrica. Conducirse en el espacio guiándose por inercias y hábitos del propio cuerpo adquiridas en experiencias anteriores.

Estrés postraumático. Trastorno que hace que las personas que han vivido una situación emocional de alta intensidad, como una violación o un accidente de coche, revivan frecuentemente el recuerdo y la emoción de esa experiencia.

Extinción. Disminución progresiva de una respuesta condicionada (RC) por la no presentación del estímulo incondicionado (EI) tras el condicionado (EC).

Fascículo longitudinal superior. Importante fascículo de fibras nerviosas que conecta la corteza prefrontal con las áreas posteriores de la corteza cerebral.

Ganancia retardada del aprendizaje. Mejora en el aprendizaje y la memoria de una tarea que se observa tras un tiempo sin practicar.

Ganglios basales. Conjunto de núcleos subcorticales implicados en el aprendizaje motor y en la memoria implícita. Incluyen los llamados núcleos estriados (el pálido, el caudado y el putamen) (figura 2).

Glucocorticoides. Hormonas producidas en la corteza de las glándulas suprarrenales. Participan en el metabolismo de los hidratos de carbono y se liberan en la sangre en situaciones emocionales y de estrés. El más importante en los seres humanos es el cortisol.

Glucógeno. Macromolécula que constituye el modo de almacenamiento de la glucosa en el hígado y otros tejidos orgánicos. Podemos considerarlo como un rosario de moléculas de glucosa que son liberadas en la sangre cuando el organismo necesita energía.

Glutamato. Neurotransmisor excitatorio implicado en la plasticidad sináptica.

Habituación. Forma básica de aprendizaje por el que una respuesta refleja pierde intensidad ante la presentación repetida de un estímulo inocuo. Si nos asustan varias veces del mismo modo, cada vez nos sobrecogemos menos.

Hipocampo. Estructura del lóbulo temporal medial del cerebro especialmente relacionada con el aprendizaje y la memoria explícita (figura 2).

Hipotálamo. Estructura del diencéfalo que controla procesos fisiológicos vitales, como el metabolismo energético, la producción de hormonas y el sueño.

Hipótesis de la homeostasis sináptica. Propone que la función fundamental del sueño consiste en restaurar el estado energético y de plasticidad de las neuronas alterado por su trabajo durante la vigilia diurna.

Histonas. Proteínas implicadas en compactar el ADN contenido en los cromosomas. Sus cambios estructurales (acetilaciones y metilaciones) constituyen importantes mecanismos epigenéticos que controlan la expresión de los genes que llevan la información para la síntesis de las moléculas necesarias para que se formen las memorias.

Inteligencia cristalizada. Capacidad de resolver problemas habituales en base a la acumulación de experiencia.

Inteligencia fluida. Capacidad de resolver problemas nuevos con independencia de la experiencia.

Ilusión audiovisual. Confusión entre sonidos e imágenes visuales que presentan algunas personas mayores.

Interferencia proactiva. Es la que se produce cuando un nuevo recuerdo es dificultado o impedido por viejos recuerdos.

Laberinto acuático de Morris. Prueba de aprendizaje consistente en una piscina circular donde las ratas tienen que nadar hasta localizar una pequeña plataforma sobre la que se sitúan.

Lóbulo temporal medial del cerebro. Incluye el sistema hipocampal y las cortezas entorrinal, parahipocampal y perirrinal adyacentes (figura 2).

Memoria. Retención o almacenamiento de lo aprendido.

a corto plazo. Sistema cerebral para almacenar una cantidad limitada de información durante un corto período de tiempo.

a largo plazo. Sistema cerebral para almacenar una gran cantidad de información durante un tiempo ilimitado.

de reconocimiento. La que origina un recuerdo consciente pero incompleto al que se añade un sentido de familiaridad.

de trabajo. Sistema de mantenimiento y manipulación temporal de información, necesario para realizar actividades cognitivas complejas como comprender, razonar o aprender.

explícita, declarativa o relacional. La que origina recuerdos deliberados y conscientes sobre nuestro conocimiento del mundo y experiencias personales.

implícita o procedimental. La que origina recuerdos inconscientes en los que se basan nuestros hábitos cognitivos y motores.

Memorias de impacto (*flashbulb memories*). Memorias de sucesos emocionales impactantes que se instalan rápidamente y con gran fuerza en el cerebro, se viven con mucha intensidad y suelen ser muy resistentes al olvido.

Mesencéfalo. Parte superior del tronco del encéfalo.

Metilaciones. Cambios bioquímicos en la estructura de la cromatina que influyen en la expresión de los genes implicados en la síntesis de las moléculas que forman las memorias en el cerebro.

Miedo contextual. Reacción de miedo que produce la estancia en un determinado lugar.

Mielinización. Proceso por el que los axones de las neuronas se cubren de una sustancia blanca y aislante llamada mielina, que les sirve para aumentar la velocidad de conducción de los potenciales de acción.

Mindfulness. Literalmente, «atención o conciencia plena». Técnica de meditación que permite contrarrestar los efectos negativos del estrés o de la ansiedad, restableciendo el equilibrio entre cuerpo y mente.

N-atrás. Tarea de memoria de trabajo consistente en retener información mental sobre las características de un estímulo que apareció anteriormente en una secuencia.

Neocorteza. Conjunto de regiones filogenéticamente más evolucionadas de la corteza cerebral.

Neurona. Célula del sistema nervioso (figura 1).
- **presináptica**. La que en una sinapsis envía la información a otra neurona liberando su neurotransmisor.
- **postsináptica**. La que en una sinapsis recibe la información que le envía la neurona presináptica al liberar el neurotransmisor.

Núcleo (figura 2):
- **accumbens**. Conjunto de neuronas de la base del cerebro donde se libera dopamina cuando hay error de predicción.
- **caudado**. Uno de los núcleos estriados.
- **pálido**. Uno de los núcleos estriados.
- **putamen**. Uno de los núcleos estriados.

Núcleos (figura 2):
- **subcorticales**. Agrupamientos de neuronas en el interior del cerebro y bajo la corteza cerebral.
- **estriados**. Núcleos subcorticales caudado, putamen y pálido. Implicados en el aprendizaje motor y la memoria implícita.

Percepción subliminal. Percepción inconsciente de un estímulo generalmente de corta duración.

Plasticidad:

estructural. Capacidad de las neuronas para modificar su morfología y las conexiones sinápticas entre ellas generando nuevos circuitos funcionales.

funcional. Capacidad de las neuronas y los circuitos neuronales para modificar su funcionamiento como consecuencia de su plasticidad estructural.

Potenciación sináptica a largo plazo (PLP). Incremento estable y duradero de una respuesta postsináptica causado por una estimulación presináptica de frecuencia moderadamente alta.

Potencial de acción. Pequeña descarga eléctrica que producen las neuronas para codificar la información que reciben y conducirla a lo largo de sus prolongaciones hasta otras neuronas. Podemos considerarlo como la palabra en el lenguaje de las neuronas.

Proteína. Molécula bioquímica constituida por cadenas de aminoácidos.

quinasa-Mζ. Proteína de las espinas dendríticas que ha sido considerada importante para el mantenimiento de las memorias.

fosfatasa 1. Proteína de las neuronas que impide la retención de memorias irrelevantes.

tau. Proteína de las neuronas implicada en la enfermedad de Alzheimer.

Psicobiología. Disciplina científica que estudia cómo el cerebro hace posibles los procesos mentales y controla el comportamiento.

Ratones transgénicos. Ratones con genes artificialmente modificados.

Receptor NMDA. Molécula química que funciona como receptor del neurotransmisor glutamato en las sinapsis plásticas del hipocampo y otros lugares cerebrales. Al ser activado por el neurotransmisor desencadena una cascada de cambios moleculares en la neurona a la que pertenece. Esos cambios son necesarios para que se formen las memorias.

Reconsolidación de la memoria. Proceso consistente en que cuando una memoria ya consolidada es reactivada (por ejemplo, presentando algún EC que la suscita) se vuelve nuevamente lábil y capaz de alterarse o recomponerse si en ese momento se introduce nueva información o algún tratamiento específico.

Refuerzo. Véase *condicionamiento instrumental.*

Respuesta condicionada (RC). Véase *condicionamiento clásico.*

Respuesta incondicionada (RI). Véase *condicionamiento clásico.*

Resonancia magnética funcional. Técnica moderna de neuroimágenes. Muestra las partes o estructuras del cerebro que están más activas cuando el sujeto realiza una determinada función mental o conductual.

Sensibilización. Forma básica de aprendizaje que consiste en la intensificación de una respuesta refleja ante estímulos moderados de diferente naturaleza que sean precedidos de otros estímulos intensos o nocivos.

Sinapsis. Conexión anatómica y funcional entre dos neuronas, la presináptica y la postsináptica.

excitatoria. Cuando el neurotransmisor liberado por la neurona presináptica aumenta la actividad de la neurona postsináptica.

inhibitoria. Cuando el neurotransmisor liberado por la neurona presináptica disminuye la actividad de la neurona postsináptica.

Sistema hipocampal. Conjunto neuroanatómico del lóbulo temporal del cerebro que incluye el hipocampo propiamente dicho, la circunvolución dentada, el subículo y las cortezas entorrinal, parahipocampal, perirrinal y retrosplenial adyacentes (figura 2).

Sueño (figura 12):

de ondas lentas. Tipo de sueño donde las ondas que registra el electroencefalograma son de alta amplitud y baja frecuencia. Ocupa la mayor parte del sueño de la noche.

paradójico. Tipo de sueño donde las ondas del electroencefalograma son de baja amplitud y alta frecuencia. Se conoce también como sueño REM o sueño caracterizado por movimientos rápidos de los ojos. Durante el mismo tienen lugar la mayor parte de las ensoñaciones. En una noche se producen varios episodios de este tipo de sueño alternándose con el de ondas lentas.

REM. Ver sueño paradójico.

Sustancia negra. Región del tronco del encéfalo cuyas neuronas sintetizan dopamina.

Tálamo. Estructura del diencéfalo que recibe la información de los órganos de los sentidos y la reenvía a la corteza cerebral. Está recíprocamente conectado con amplias regiones de la corteza cerebral.

Torre de Hanói. Rompecabezas manual para evaluar la memoria implícita en pacientes amnésicos (figura 6).

Transmisión social de preferencias alimenticias. Forma de aprendizaje por la que un animal adquiere y retiene información sobre alimentos comestibles oliendo el aliento de otro animal que ha ingerido esos alimentos.

Tronco del encéfalo. Parte inferior del encéfalo compuesta por el mesencéfalo, la protuberancia y el bulbo raquídeo (figura 2).

Bibliografía recomendada

a) Bibliografía general y mecanismos moleculares del aprendizaje y la memoria

Morgado, I. (2005). Psicobiología del aprendizaje y la memoria: fundamentos y avances recientes. **Revista de Neurología, 40 (5): 289-297**. *Revisión general de la psicobiología del aprendizaje y la memoria.*

Morgado-Bernal, I. (2011). Learning and memory consolidation: Linking molecular and behavioral data. **Neuroscience, 176:12-9**. *Para profundizar en los mecanismos moleculares del aprendizaje y la memoria.*

b) Sobre la dinámica temporal del aprendizaje y la memoria

Marlieke, T. R., van Kesteren, D. J., Ruiter, G. F. y Richard, N. H. (2012). How schema and novelty augment memory formation. **Trends in Neuroscience 35, 4: 211-219**. *Para aprender más sobre cómo la nueva información se integra en los esquemas ya existentes en el cerebro.*

c) Sobre la memoria de trabajo y la cognición ejecutiva

Fuster, J. M. (2008). **The prefrontal cortex**. Elsevier (Academic Press). *El texto más importante sobre la corteza prefrontal y su relación con la memoria de trabajo.*

Fuster, J. M. (2013). **The Neuroscience of freedom and creativity**. Cambridge University Press. Versión española: **Cerebro y libertad**. Barcelona: Ariel (2014). *Para profundizar en las implicaciones funcionales de la corteza prefrontal y la cognición ejecutiva.*

Conway, A. R., Kane, M. J. y Engle, R. W. (2003). Working memory capacity and its relation to general intelligence. **Trends in Cognitive Sciences 7(12): 547-52**. *Para saber más sobre la relación entre la memoria de trabajo y la inteligencia general de las personas.*

d) Sobre la memoria implícita o procedimental

Censor, N., Sagi, D. y Cohen, L. G. (2012). Common mechanisms of human perceptual and motor learning. **Nature Reviews Neuroscience 13(9): 658-64**. *Para saber más sobre los mecanismos neuronales de la memoria implícita en humanos.*

Johansen, J. P., Cain, C. K., Ostroff, L. E. y LeDoux, J. E. (2011). Molecular mechanisms of fear learning and memory. **Cell 147(3): 509-24**. *Para conocer con detalle los mecanismos moleculares del miedo condicionado.*

e) Sobre la memoria explícita o declarativa

Kraus, B. J., Robinson, R. J., White, J. A., Eichenbaum, H. y Hasselmo, M. E. (2013). Hippocampal «time cells»: time versus path integration. **Neuron 78(6): 1090-101**. *Revisión sobre el descubrimiento y las funciones de las neuronas de tiempo en el hipocampo y las redes neuronales.*

Preston, A. R. y Eichenbaum, H. (2013). Interplay of hippocampus and prefrontal cortex in memory. **Elsevier Current Biology 23(17): R764-73**. *Para profundizar en el modo en que el hipocampo y la corteza prefrontal interactúan y forman la memoria a largo plazo.*

f) Sobre la relación entre el sueño y la memoria

Stickgold, R. y Walker, M. P. (2013). Sleep-dependent memory triage: evolving generalization through selective processing. **Nature Neuroscience 16(2): 139-45**. *Revisión de los efectos del sueño sobre la memoria y los procesos cognitivos.*

Bendor, D. y Wilson, M. A. (2012). Biasing the content of hippocampal replay during sleep. **Nature Neuroscience 15(10): 1439-44**. *Detalles sobre la repetición de la actividad neural del aprendizaje durante el sueño y cómo la estimulación externa puede manipularla.*

Abel, T., Havekes, R., Saletin, J. M. y Walker, M. P. (2013). Sleep, plasticity and memory from molecules to whole-brain networks. **Elsevier Current Biology 23(17): R774-88**. Rasch, B. y Born, J. (2013). About sleep's role in memory. **Physiological Reviews 93: 681-766**. *Para profundizar en los mecanismos moleculares implicados en la facilitación del aprendizaje y la memoria por el sueño.*

Tononi, G. y Cirelli, Ch. (2014). Sleep and the price of plasticity: from synaptic and cellular homeostasis to memory consolidation and integration. **Neuron 81:12-34.** *Los autores desarrollan su hipótesis de la homeostasis sináptica y su relación con los diferentes beneficios que caracterizan al sueño en relación con la memoria y los procesos mentales.*

g) Sobre los mecanismos del recuerdo y el olvido

Lattal, K. M. y Wood, M. A. (2013). Epigenetics and persistent memory: implications for reconsolidation and silent extinction beyond the zero. **Nature Neuroscience 16(2): 124-9.** *Para saber más sobre los mecanismos epigenéticos involucrados en la transformación de las memorias cuando son evocadas.*

Hardt, O., Nader, K. y Nadel, L. (2013). Decay happens: the role of active forgetting in memory. **Trends in Cognitive Sciences 17(3):111-20.** *Para saber más sobre la naturaleza y los mecanismos del olvido.*

h) Sobre el desarrollo y evolución de la capacidad de aprendizaje y memoria a lo largo de la vida

Bauer, P. J., Leventon, J. S. y Varga, N. L. (2012). Neuropsychological assessment of memory in preschoolers. **Neuropsychology Review 22(4): 414-24.** *Sobre el modo concreto de evaluar la memoria en niños preescolares.*

Satterthwaite, T. D., Wolf, D. H., Erus, G., Ruparel, K., Elliott, M. A., Gennatas, E. D., Hopson, R., Jackson, C., Prabhakaran, K., Bilker, W. B., Calkins, M. E., Loughead, J., Smith, A., Roalf, D. R., Hakonarson, H., Verma, R., Davatzikos, C., Gur, R. C. y Gur, R. E. (2013). Functional maturation of the executive system during adolescence. **Journal of neuroscience 33(41): 16249-61**. *Para saber más sobre cómo evoluciona el aprendizaje y la memoria y las funciones ejecutivas en la adolescencia.*

Ghetti, S. y Bunge, S. A. (2012). Neural changes underlying the development of episodic memory during middle childhood. **Developmental Cognitive Neuroscience 2(4): 381-95**. *Para saber más sobre los cambios que tienen lugar en el cerebro del adolescente en relación con el desarrollo de la memoria episódica.*

Samson, R. D. y Barnes, C. A. (2013). Impact of aging brain circuits on cognition. **European Journal of Neuroscience 37(12): 1903-15**. *Para saber más sobre los cambios cerebrales que determinan el declive cognitivo en la vejez.*

i) Sobre los procedimientos para facilitar el aprendizaje y la memoria

Gerstner, J. R. y Yin, J. C. (2010). Circadian rhythms and memory formation. **Nature Review Neuroscience 11(8): 577-88**. *Para saber más sobre los mejores momentos del día para aprender.*

Ratey, J. J. y Loehr, J. E. (2011). The positive impact of physical activity on cognition during adulthood: a review of underlying mechanisms, evidence and recommendations. **Review Neuroscience 22(2): 171-85.** *Para saber más sobre cómo la actividad física a lo largo de la vida afecta a los procesos mentales.*

Melby-Lervåg, M. y Hulme, C. (2013). Is working memory training effective? A meta-analytic review. **Developmental Psychology 49(2)**: 270-91. *Metaanálisis sobre la* *transferencia de capacidades mentales que puede originar el entrenamiento en memoria de trabajo.*

Diamond, A. y Lee K. (2011). Interventions shown to aid executive function development in children 4 to 12 years old. **Science 333(6045): 959-64**. *Para saber más sobre cómo promocionar las capacidades mentales en niños de 4 a 12 años.*

Jaeggi, S. M., Buschkuehl, M., Jonides, J. y Perrig, W. J. (2008). Improving fluid intelligence with training on working memory. **Proceedings of the National Academic of Sciences 105(19)**: 6829-33. *Para saber más sobre las posibilidades de mejorar la inteligencia fluida con entrenamiento en memoria de trabajo.*

Karpicke, J. D. y Blunt, J. R. (2011). Retrieval practice produces more learning than elaborative studying with concept mapping. **Science 331(6018): 772-5**. *Para conocer y valorar mejor la eficacia de la práctica sistemática del recuerdo como método de aprendizaje.*

Sandi, C. (2011). Glucocorticoids act on glutamatergic pathways to affect memory processes. **Trends in Neurosciences 34(4):165-76**. *Para saber más sobre cómo las hormonas modulan los procesos de aprendizaje y memoria.*

Simón, V. (con la colaboración de Germer, C. K.). (2011). **Aprender a practicar *mindfulness***. Barcelona: Sello Editorial. *Manual práctico y sencillo para todo aquel que quiera iniciarse en la meditación* mindfulness.

El lector puede construirse también un programa de entrenamiento cognitivo individualizado y probar personalmente su eficacia en la siguiente página de internet: ***http://www.lumosity.com/***

Agradecimientos

A Tina, que revisó minuciosamente el manuscrito, corrigiendo errores e imprecisiones, y aportó excelentes ideas para mejorarlo.

A Joan, que revisó también el manuscrito y lo enriqueció con sus valiosas correcciones y sugerencias sobre la sintaxis y el estilo literario.

A Francisco, mi editor, cuyos consejos y recomendaciones también han contribuido a la mejora del texto.